全国高职高专规划教材



# 化工生产安全技术

李慧 主编

韩娇 赵淑楠 邓金华 副主编

中国环境出版集团 • 北京

**图书在版编目（CIP）数据**

化工生产安全技术/李慧主编. —北京：中国环境出版集团，2021.6
全国高职高专规划教材
ISBN 978-7-5111-4780-6

Ⅰ. ①化… Ⅱ. ①李… Ⅲ. ①化工生产—安全技术—高等职业教育—教材 Ⅳ. ①TQ086

中国版本图书馆 CIP 数据核字（2021）第 128891 号

**出 版 人** 武德凯
**责任编辑** 黄晓燕 王宇洲
**责任校对** 任 丽
**封面设计** 宋 瑞

---

**出版发行** 中国环境出版集团
（100062 北京市东城区广渠门内大街 16 号）
网 址：http://www.cesp.com.cn
电子邮箱：bjgl@cesp.com.cn
联系电话：010-67112765（编辑管理部）
010-67112735（第一分社）
发行热线：010-67125803，010-67113405（传真）
**印 刷** 北京市联华印刷厂
**经 销** 各地新华书店
**版 次** 2021 年 6 月第 1 版
**印 次** 2021 年 6 月第 1 次印刷
**开 本** 787×960 1/16
**印 张** 10.25
**字 数** 220 千字
**定 价** 25.00 元

---

# 编　委　会


主　编　李慧（广东环境保护工程职业学院）

副主编　韩娇（广东环境保护工程职业学院）

赵淑楠（广东环境保护工程职业学院）

邓金华（广东金泰达安全科技有限公司）

编　委　黎沛兴（广东合信安全科技有限公司）

蔡天富（广东金泰达安全科技有限公司）

李升友（广州市职业安全健康协会）

朱宏伟（昆明冶金高等专科学校）

叶文淳（昆明冶金高等专科学校）

阎崔蓉（昆明冶金高等专科学校）

# 前言

不同运行单元及不同化工工艺在运行过程中，需要注意的安全要点内容较多，安全专业初学者或刚刚走上安全员岗位的从业人员对此往往感到无从下手。因此，本教材旨在作为高等职业院校安全健康与管理专业、安全技术与管理专业以及工业系统安全技术培训的教学用书和参考资料，并对学生毕业后从事化学工业、石油化学工业以及相关单元运行的其他工业的生产、安全、监察等技术或管理工作提供实用性参考。

本教材采用校企合作的方式编写，邀请多位具有高级职称的企业安全类技术人员参与，他们丰富的技能知识和现场实践经验，使得本教材更有针对性。另外，本教材针对真实工作场景，开发了多个实训项目，与各个章节内容相对应，更有利于学生掌握实际工作技能，具备排查隐患、制定措施的能力。

全书共7章。广东环境保护工程职业学院李慧负责第1章、第2章、第4章（部分）编写，广东金泰达安全科技有限公司邓金华负责第3章（部分）、第4章（部分）、第5章编写，广东环境保护工程职业学院韩娇负责第3章（部分）编写，广东环境保护工程职业学院赵淑楠负责第4章（部分）编写，广东合信安全科技有限公司黎沛兴负责第6章（部分）编写，广东金泰达安全科技有限公司蔡天富负责第6章（部分）、第7章（部分）编写，广州市职业安全健康协会李升友负责第7章编写，昆明冶金高等专科学校朱宏伟、叶文淳、阎崔蓉参与了第 4 章的编写。全书由李慧统稿。

编者在编写过程中得到了诸多老师的帮助，特此感谢广东环境保护工程职业学院环境科学系郭璐璐主任、王小辉老师、杨硕老师。

由于编者水平有限，书中难免出现错误和纰漏，敬请读者予以批评指正。如有问题，请与 286660597@qq.com 联系。

编　者

2019 年 8 月

# 目　录

请扫描二维码
获得高清图和
实训表格资料

# 第 1 章　认识化工厂

## 1.1　识别化工生产的特点

### 1.1.1　化工生产的特点

（1）化工生产中涉及的危险品较多

化工生产中使用的原料、半成品和成品种类繁多，绝大部分是易燃、易爆、有毒、腐蚀性的危险化学品。若在生产、使用、运输过程中管理不当，就会发生火灾、爆炸、中毒和烧伤事故，给安全生产带来重大影响。

（2）化工生产要求的工艺条件苛刻

首先，化学工业是多品种、技术密集型的行业，每一种产品从投料到生产出产品都有其特定的工艺流程、控制条件和检测方法；其次，化学工业发展迅速，新产品层出不穷，老产品也不断改型更新，每一种新产品的推出都要经过设计准备、工艺准备和试制；最后，化工生产过程多数在高温、高压、密闭或深冷等特定条件下进行。没有严格的管理和相应的技术措施是无法正常生产的，也无法在生产过程中做好防爆炸、防燃烧、防腐蚀、防污染工作。

（3）生产规模大型化

近几十年来，国际上化工生产逐渐采用大型生产装置是一个明显趋势。以合成氨为例，截至 2019 年底，我国合成氨产能合计 6 619 万 t 左右，采用大型装置可以明显降低单位产品的建设投资和生产成本，有利于提高劳动生产率。

（4）生产过程连续化、自动化

现代化企业的生产方式已经从过去的手工操作、间歇生产转变为高度自动化、连续化生产；生产设备由敞开式变为密闭式；生产装置由室内走向露天；生产操作由分散控制变为集中控制，同时也由人工手动操作发展为计算机控制。如年产 100 万 t 合成氨、44 万 t 尿素的日本鹿岛氨厂只有 100 个人；美国联合化学公司年产 60 万 t 乙烯的工厂，有 20 台裂解炉，全厂有 1 000 多台仪表和 1 台计算机，全部集中在控制室操作，每班只有 7 个人。

（5）高温、高压设备多

许多化工生产离不开高温、高压设备，这些设备能量较为集中。如果在设计制造中，不按规范进行，质量不合格，或在操作中存在失误，就会发生灾害性事故。

（6）工艺复杂，操作要求严格

一种化工产品的生产往往由几个车间（工段）参与，每个车间的生产系统又由多个化工单元操作和若干台具有特殊要求的设备和仪表联合组成，工艺流程长、技术复杂、工艺参数多、要求严格。任何人都要严格遵守操作规程，操作时要巡回检查，认真记录，纠正偏差。严格执行交接班制度，注意前后工序的联系，及时消除隐患，否则将会导致事故的发生。

（7）“三废”多，污染严重

化学工业在生产中产生的废气、废水、废渣多，是生产企业中的污染大户。在排放的“三废”中，许多物质具有可燃性、易燃性、毒性、腐蚀性及有害性，这都是生产中不安全的因素。

（8）事故多，损失重大

化工行业发生重大事故的风险高，事故中有 70%以上是因为违章指挥和违章作业造成的。因此，在职工中开展技术学习，提高人员素质，进行安全教育和专业技能教育是非常重要的工作。

### 1.1.2 安全在化工生产中的地位

第一，安全生产是化工生产的前提条件。化工生产具有易燃、易爆、有毒、高温、高压、腐蚀性的特点，与其他行业相比，其危险性更大。操作失误、设备故障、仪表失灵、物料异常等，均会造成重大安全事故。无数的事实告诉我们，没有一个安全的生产基础，现代化工就不可能健康正常地发展。

第二，安全生产是化工生产的保障。只有实现安全生产，才能充分发挥现代化工生产的优势，确保装置长期、连续、安全地运行。发生事故，必然使装置不能正常运行，造成经济损失。生产装置规模越大，停产的损失越大，如年产 30 万 t 的合成氨装置停产一天，就会少生产合成氨 1 000 t。开停车越频繁，经济损失越大，降低了大型化装置的优越性，同时也会造成装置本身的损坏，发生事故的可能性会越大。

第三，安全生产是化工生产的关键。化工新产品的开发和试生产必须解决安全生产问题，否则就不能形成实际生产过程。

总之，化工企业的重大灾害事故可能造成人员伤亡，引起生产停顿、供需失调、社会不稳定，因此安全生产是化工生产的关键问题。安全和危险是对立统一的，所谓安全是预测风险并消除危险，不使人身受到伤害，不使财产遭到损失。安全生产的任务主要有两条：

① 在生产过程中保护职工的安全和健康，防止工伤事故和职业性危害；

② 在生产过程中防止各类事故的发生，确保生产装置连续、正常运转。

## 1.2 化工厂布置

### 1.2.1 概述

化工厂布置是化工厂设计中的重要内容，主要包括三个方面：厂址选择、化工厂总平面布置和车间布置。

新建项目应根据国家规划和地区经济发展，选择适宜建设该项目的地方进行建厂。例如，要建立一个新的化工开发区，内容包括乙烯装置及高分子材料项目等，就需要选择一个较大面积的地方，因此首先要考虑的就是土地资源。另外，建厂还涉及许多规章制度，这些内容主要可通过参加项目的建设了解和掌握，并应用于工作中。

化工厂总平面布置和车间布置是对化工厂各建（构）筑物及车间内的设备等设施配置进行合理的布局，便于生产维修，节省投资。这项工作要求工艺设计人员与总图、土建、设备、自控、电力、给排水等专业人员密切合作共同完成。

### 1.2.2 总平面布置原则及方法

为使化工厂运转正常，需要综合利用厂区的各种有利因素。总图的布置原则如下：

（1）满足生产和运输的要求

① 符合生产工艺流程的要求，避免生产流程的交叉往复，使物料的输送距离尽可能短；

② 供水、供热、供电、供气及其他公用设施尽可能靠近负荷中心，使公用工程介质的运输距离最小；

③ 厂区内的道路径直、便捷，人流与货流之间避免交叉和迂回。货运量大、车辆往返频繁的设施宜靠近厂区边缘地段；

④ 厂区布置还要求厂容整齐、厂区环境优美、厂区布置紧凑且用地节约。

（2）满足安全和卫生要求

① 化工厂生产具有易燃、易爆和有毒有害等特点的产品时，厂区布置应严格遵守防火、卫生等相关安全规范、标准的有关规定；

② 火灾危险性较大的车间与其他车间的间距应按规定的安全距离设计；

③ 经常散发可燃气体的场所，如易燃液体罐区等，应远离各类明火源；

④ 火灾、爆炸危险性较大和散发有毒有害气体的车间、装置，应尽量采用露天或半敞开的布置；

⑤ 环境洁净要求较高的工厂应与污染源保持较大的距离。

（3）满足有关标准和规范

总平面布置图的设计应满足有关标准和规范。常用的标准和规范有《建筑设计防火规范》（GB 50016—2014）、《工业企业总平面设计规范》（GB 50187—2012）、《化工企业总图运输设计规范》（GB 50489—2009）、《石油化工企业设计防火标准（2018年版）》（GB 50160—2008）、《厂矿道路设计规范》（GBJ 22—1987）等。

（4）为施工安装创造条件

工厂布置应满足施工和安装的作业要求，特别是应考虑大型设备的吊装。厂内道路的路面结构和载荷标准等应满足施工安装的要求。

（5）考虑工厂发展

为适应市场的激烈竞争，化工厂布置应为工厂的发展留有余地。

（6）竖向布置

竖向布置主要满足生产工艺布置、运输、装卸对高程的要求。设计标高应尽量与自然地形相适应，力求场地土石方工程量减至最小。

（7）管线布置

工程技术管网的布置及敷设方式等是否合理，对生产过程中的动力消耗及投资具有重要意义。

（8）绿化

绿化是保护生态环境的重要措施，化工厂绿化不仅可以美化环境，还可以减少粉尘等危害，应与平面布置一起考虑。

### 1.2.3 平面布置

总图设计主要进行化工厂平面布置，即按照工艺路线考虑生产车间或界区的布置，然后考虑公用工程（锅炉房、水泵房、变电所）及辅助车间（机修车间、化验室、消防、环保、仓库等）和行政管理建筑物等的布置。在设计中，也可以根据交通运输（公路、铁路）、供电、给排水系统等现场条件来考虑工艺装置的位置。厂内服务设施（锅炉房、机修车间、办公室等）可以在工艺装置确定后，再确定它们的位置。最后考虑总图是否符合安全生产等原则，并与规定条文及标准要求进行对照检查，以验证总图设计的合理性。

生产工艺流程固然是工程总平面布置的主要依据，但布置厂区建（构）筑物时，主要考虑以下因素。

（1）总体布置紧凑，节约建设用地，少占或不占农田

在总图布置时一定要合理紧凑地布置厂区建（构）筑物，减少堆场、管线及道

路的占地面积。

（2）合理划分厂区，满足使用要求，留有发展余地

对于大型企业，根据各厂之间的关系以及生产特点划分厂区，各生产区自成一个系统，以便于生产和管理。各生产区除了满足目前的使用要求，还应根据建设任务的规划，合理保留备用地，作为以后发展用地。

（3）确保安全、卫生和不影响环境

化工厂建（构）筑物在平面相对位置初步确定后，就要进一步确定建筑物的间距。决定建筑物间距的，除了防火、防爆、防震、防毒、防噪声、防尘、防辐射等防护要求和通风、采光等卫生要求的因素，还有地形、地质条件、交通运输、管线布置等因素。

① 防火要求。建筑物的防火间距是根据生产的火灾危险性、建筑物的耐火等级、建筑面积、建筑层数等因素确定的。一般建（构）筑物的防火间距应符合防火的有关规定［《石油化工企业设计防火标准（2018 年版）》（GB 50160—2008）及《建筑设计防火规范》（GB 50016—2014）］。易燃材料的堆场、仓库及易发生火灾危险的车间，应布置在散发火花和明火火源的上风向，并保证有一定的防火距离。此外，在厂区必须设置消防通道及消防站等设施。

② 防爆要求。确定建（构）筑物的防爆间距，要同时考虑建筑物的性质以及它们之间的相对位置关系，以防止相互影响而引起爆炸。如大型乙炔站（生产量在 100 $m^3/h$ 以上）与氧气站的最小间距应为 300 m，与明火车间的最小距离为 50 m，以免火花被吹至乙炔排气管范围内而引起爆炸。一般来讲，易爆炸车间均应布置在散发火花车间的上风向。对于贮存易爆物的仓库，不仅要有一定的防护距离，还要有可靠的防护设施。

③ 卫生要求。总平面布置不仅要满足车间的通风、朝向、采光等卫生要求，而且要考虑厂区的雨水排除、绿化布置、“三废”治理等要求，这些都应符合国家规定的卫生标准，以防止环境污染，保证人民健康。总平面布置时，可将卫生要求相似的车间靠近布置，而将产生大量烟尘、粉尘、有害气体的车间和设备相对集中布置，并设置相应的“三废”治理装置，以达到国家允许的排放标准。

④ 防振、防震要求。建（构）筑物的防振间距是由生产性质、结构措施、振源情况等因素决定的。总平面布置时，应尽可能地利用自然地形，使有防振要求的车间远离振源，如利用厂内的河道把产生振源的车间和要防振的车间隔开、利用厂区的地形将产生振源的车间放在低处等。在地震区，建（构）筑物的防震除采取抗震结构外，总图布置时，还应注意避免将建（构）筑物一部分放在河道或低洼处，而另一部分放在高处。

此外，还有防核辐射、防噪声、防尘等要求。总平面布置时，要防止这一类建（构）筑物（如放射性实验室、空压站、烟囱等）对居住区及有防护要求的生产区的

影响，应保证有一定的防护距离，因此总图设计人员应会同有关部门，合理确定防护措施。

（4）结合地形地质，因地制宜，节约建设投资

总平面布置要同时考虑厂区的地形、地貌、工程地质、水文地质等条件，既要满足生产运输要求且安全可靠，又要力求土石方工程量最小，以达到工程技术上的经济合理。

地形高差较大时，应设计成不同宽度的台阶地。充分利用地形条件，工艺流程可从高处到低处，也可以利用地形高差，设置高位池槽、爬山烟囱等。

总平面布置还要考虑地质条件。山区地质变化复杂，一般山顶土层为残积层，较坚硬稳定，是一种良好的地基，而山脚有时会碰到坡积层，容易滑动。因此，在这种地区建设项目时，一定要进行地质勘探，以免因山体滑坡使整个项目蒙受重大损失。布置建（构）筑物时应注意避开易发生崩塌、滑坡、泥石流等地质灾害的位置。规模较大的建（构）筑物、设备不应布置在软弱或不稳定的地基上，以防塌方。

（5）厂房具有特色，大方美观

建筑群体的空间及造型设计应具有特色，简洁、大方、美观、明朗，以显示出工厂生机勃勃的形象。

## 1.3 识别化工生产中的重大危险源

重大危险源在《危险化学品重大危险源辨识》（GB 18218—2018）中定义为长期地或临时地生产、加工、使用或储存危险化学品，且危险化学品的数量等于或超过临界量的单元。在《安全生产法》中定义为长期地或者临时地生产、搬运、使用或者储存危险物品，且危险物品的数量等于或者超过临界量的单元（包括场所和设施）。单元是指一个（套）生产装置、设施或场所，或同属一个生产经营单位且边缘距离小于 500 m 的几个（套）生产装置、设施或场所。

单元内存在危险化学品的数量等于或超过规定的临界量，即被定为重大危险源。单元内存在的危险化学品的数量根据处理危险化学品种类的多少区分为以下两种情况：

① 单元内存在的危险化学品为单一品种，则该危险化学品的数量即为单元内危险化学品的总量，若等于或超过相应的临界量，则定为重大危险源。

② 单元内存在的危险化学品为多品种时，则按式（1-1）计算，若满足式（1-1），则定为重大危险源：

$$q_1 / Q_1 + q_2 / Q_2 + \cdots + q_n / Q_n \geqslant 1 \tag{1-1}$$

式中：$q_1$，$q_2$，…，$q_n$——每种危险化学品实际存在量，t；

$Q_1$，$Q_2$，…，$Q_n$——各危险化学品相对应的临界量，t。

危险化学品储罐以及其他容器、设备或仓储区的危险化学品的实际存在量按设计最大量确定。

对于危险化学品混合物，如果混合物与其纯物质属于相同危险类别，则视混合物为纯物质，按混合物整体进行计算；如果混合物与其纯物质不属于相同危险类别，则应按新危险类别考虑其临界量。

### 【复习题】

1. 化工生产的特点有哪些？
2. 化工厂总平面布置的原则有哪些？
3. 重大危险源的定义是什么？

## 实训 1　初步认识化工厂（典型化工厂 3D 虚拟现实认识）

**【实训目的】**认识化工厂的布局；了解化工厂各区域的作用；掌握化工厂的特点。

**【实训材料】**典型化工厂 3D 虚拟现实认识仿真软件（东方仿真）。

**【实训步骤】**

1．按照仿真软件内部的指引对 3D 化工厂进行入厂培训，了解厂区各部分设备设施、各环节功能后按步骤进行操作。

2．请在实训表格 1（通过扫描目录下方二维码可获得全书所需实训表格）中列出各参观区域及功能和特点，并按指引顺序排列（如表格不够可自行添加）。

# 第 2 章　化工管道管系

## 2.1　化工管道类型及常见材料

### 2.1.1　定义与作用

化工管道是化工生产中所使用的各种管道的总称，其主要作用是输送流体介质。

管道是化工生产过程中不可缺少的部分。各种工艺物料、蒸汽、水以及气体都要用管道输送。设备与设备之间，也要用管道来连接。

据统计，管道安装的费用占全厂化工设备总投资的 15%～20%。正确合理地设计（计算）和敷设（布置）化工管道，对于优化设备布置、降低工程投资和减少日常管理费用以及方便操作都起着十分重要的作用。

### 2.1.2　组成与分类

化工管道一般由管子、管件、阀门、管架等组成。

在石油化工生产中，由于管道所输送介质的性质和操作条件不同，因此化工管道有多种分类方法。

① 按管道的材质可分为金属管和非金属管。金属管常用的材料有铸铁、碳素钢、合金钢和有色金属。非金属管常用的材料有塑料、橡胶、陶瓷、水泥等。

② 按输送介质的压力可分为真空管、低压管、中压管、高压管、超高压管。

③ 按输送介质的温度可分为低温管、常温管、高温管。

④ 按输送介质的种类可分为水管、蒸汽管、气体管、油管以及输送酸、碱、盐等腐蚀性介质的管道。

### 2.1.3　管道的标准化

#### 2.1.3.1　公称直径和公称压力

为简化管子和管件等产品的规格，使其既满足化工生产的需要，又适应批量生产的要求，方便设计制造和安装检修，有利于匹配互换，国家制定了管路标准。管路标准是根据公称直径和公称压力两个基本参数来制定的。根据这两个基本参数，统一规定了管子和管件的主要结构尺寸与参数，使得具有相同公称直径和公称压力的管子与管件，都可相互配合和互换使用。表 2-1 展示了管道公称工作压力与设备最大工作压力之间的关系。

公称压力（Pg 或 PN）：是指与管道元件的机械强度及尺寸特性有关的设计给定压力。

公称直径（Dg 或 DN）：是指容器、管道及其附件的标准化直径系列。对于容器，公称直径用内径表示；对于管道，则用小于外径并大于内径的某个尺寸表示。

**表 2-1　优质碳素钢制品公称压力（PN）和最大工作压力的关系**

| 温度等级 | 温度/℃ | 最大工作压力 | 温度等级 | 温度/℃ | 最大工作压力 |
|---|---|---|---|---|---|
| 1 | 0～200 | PN | 7 | 351～375 | 0.67 倍 PN |
| 2 | 201～250 | 0.92 倍 PN | 8 | 376～400 | 0.64 倍 PN |
| 3 | 251～275 | 0.86 倍 PN | 9 | 401～425 | 0.55 倍 PN |
| 4 | 276～300 | 0.81 倍 PN | 10 | 426～435 | 0.50 倍 PN |
| 5 | 301～325 | 0.75 倍 PN | 11 | 436～450 | 0.45 倍 PN |
| 6 | 326～350 | 0.71 倍 PN | — | | |

### 2.1.3.2　管道等级

管道等级代号在管道的显著位置，从代号中可以看出管子的公称工作压力、材料、管件类型等信息。

管道等级代号各部分的含义，如图 2-1 所示。

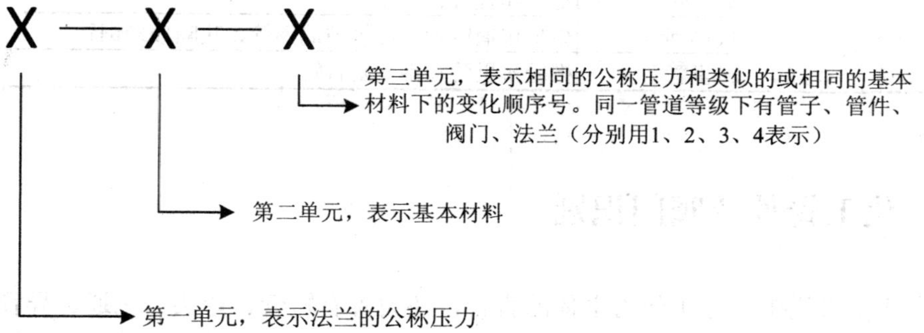


**图 2-1　管道等级代号的含义**

2.1.3.3 管道材料代号

A——铸铁及硅铸铁；B——碳素钢；C——普通低合金钢；D——合金钢；E——不锈耐酸钢；F——有色金属；G——非金属。

如 2.5C3 表示公称工作压力为 2.5 MPa，材质为普通低合金钢的阀门；10G1 表示公称工作压力为 10 MPa，材质为非金属的管子。

### 2.1.4 管子常用材料

化工管道及管件的常用材料有金属类和非金属类，表 2-2 汇总了常用的材料类型。

**表 2-2 管子常用材料汇总**

| 大类 | 中类 | 小类 | 管子名称示例 |
|---|---|---|---|
| 金属管 | 铁管 | 铸铁管 | 承压铸铁管 |
| | 钢管 | 碳素钢管 | 10#、20# 无缝钢管，优质碳素钢无缝钢管 |
| | | 低合金钢管 | 16Mn 无缝钢管、低温钢无缝钢管 |
| | | 合金钢管 | 奥氏体不锈钢管、耐热钢无缝钢管 |
| | 有色金属管 | 铜及铜合金管 | 黄铜管（拉制及挤制）、紫铜管、铜镍合金管（蒙乃尔） |
| | | 铅管 | 铅管、铅锑合金管 |
| | | 铝管 | 冷拉铝合金圆管、热挤压铝合金圆管 |
| | | 钛管 | 钛管、钛合金管 |
| 非金属管 | — | 橡胶管 | 输气胶管、输水胶管、输油胶管、蒸汽胶管 |
| | | 塑料管 | 酚醛塑料管，硬聚氯乙烯管，高、低密度聚乙烯管，聚丙烯管，聚四氟乙烯管，ABS 管等 |
| | | 石棉水泥管 | — |
| | | 玻璃陶瓷管 | 化工陶瓷管、玻璃管 |
| | | 玻璃钢管 | 聚酯玻璃钢管、环氧玻璃钢管、呋喃玻璃钢管 |
| | | 衬里管 | 橡胶衬里管、钢塑复合管 |

## 2.2 化工管件及阀门识别

在化工管道中，除了作为主体的直管，还设置有短管、弯头、三通、异径管、法兰、盲板等配件，用来改变管道方向，接出支管，改变管径以及封闭管道等，以满足生产工艺和安装检修的需要。通常把管道中的各种配件总称为管件。为了控制流体介质的压力和流量，化工管道中还会使用多种类型的阀门。（注：扫描目录页下方二维码可获得高清图 01～高清图 26 展示的部分管件与阀门高清图，以供参考。）

## 2.2.1　常用管件

### 2.2.1.1　弯头

弯头主要是用来改变管道的走向。弯头可由直管弯曲而成，也可用管子组焊，还可用铸造或锻造的方法制造。弯头的常用材料为碳钢和合金钢。

### 2.2.1.2　三通

当管道之间需要连通或分流时，其接头处的管件称为三通。三通可通过铸造或锻造的方法制造，也可组焊而成。根据接入管的角度和旁路管径的不同，可分为正三通、斜三通。接头处的管件除三通外，还有四通、Y 形管等。

### 2.2.1.3　短管和异径管

为了安装、拆卸方便，在化工管道中通常装有短管。短管两端面直径相同的叫作等径管，两端面直径不同的叫作异径管。异径管可改变流体的流速。短管与管子的连接通常采用法兰或螺纹连接方式，也可采用焊接。

### 2.2.1.4　法兰与盲板

为了管道安装和检修的需要，管道中需装设管道法兰。管道法兰已标准化，使用时可根据公称压力和公称直径选取。

通常管道的末端装有法兰盖（实心法兰），以便于检修和清理管路。法兰盖与法兰尺寸相同，材质有铸铁和钢制两种。

在化工管道中因检修设备需要，会在两法兰之间插入盲板，以切断管道中的介质，确保人身安全。盲板常用材质为钢材，大小可与插入处法兰密封面外径相同，厚度一般为 3～6 mm。

## 2.2.2　阀门

阀门是化工管道中用来控制管内流体流动的装置，它的用途主要有：

① 启闭作用（截断或开启管内流体的流动）；

② 调节功能（改变管路阻力，调节流体的流动）；

③ 节流效应（流体流过阀门后，可产生较大的压力降）。

化工厂中所使用的阀门种类繁多，可根据阀门的不同性能分类。

### 2.2.2.1　闸阀

原理：闸阀是利用闸板与阀座的配合来控制启闭的阀门。闸板与管内流体流动方向垂直，通过闸板的升降改变其与阀座的相对位置，从而改变流体通道的大小。当闸板与整个阀座紧密配合时，流体不能通过阀门而处于关闭状态。为了使阀门在关闭时严密不漏，闸板与阀座之间的配合面需要经过研磨，通常在闸板和阀座上镶有耐腐蚀、耐磨的金属密封圈（青铜、黄铜、不锈钢等材料制成）。

特点：流体阻力小，开启缓慢，易于调节，但结构复杂，造价较高，且磨损快，不宜用非金属抗腐蚀材料制造，维修更换困难。

闸阀在化工厂中应用较广，多用于大直径上水管道，也可用于真空管道和低压气体管道，但不宜用于蒸汽管道，不得用于输送含有晶体和悬浮物的液体管道。

#### 2.2.2.2 截止阀

截止阀又叫球心阀或球形阀，是化工生产中应用比较广泛的一种阀门。

截止阀的密封零件是阀盘和阀座。通过转动手轮，带动阀杆和阀盘做轴线方向的升降，改变阀盘与阀座之间的距离，从而改变流体通道面积大小，以改变流体流量或截断通道。为了使截止阀关闭严密，阀盘与阀座配合面应经过研磨或使用垫片，也可在密封面镶青铜、不锈钢等耐腐蚀、耐磨材料。阀盘与阀杆采用活动连接的方式，以利于阀盘与阀杆严密贴合。阀盘的升降由阀杆控制，阀杆上部是手轮，中部是螺纹及填料密封段，填料的作用是防止阀体内部介质沿阀杆泄漏。

截止阀的特点包括结构简单、维修方便、价格便宜、流量调节方便；密封性能差，开关力较大。

截止阀在管路中的主要作用是截断和接通流体，不宜长期用于调节压力和流量，否则，密封面可能被介质冲刷腐蚀，破坏密封性能。

截止阀可用于水、蒸汽、压缩空气等管路，但不宜用于黏度大、易结焦、易沉淀的介质管路，以免破坏密封面。

#### 2.2.2.3 旋塞阀

旋塞阀是利用带孔的锥形旋塞来控制启闭的阀门。锥形旋塞与阀体内表面形成圆锥形压合面相贴合，阀体上部用填料将旋塞与阀体之间的间隙密封。旋塞上部有方榫，使用专门的方孔扳手转动旋塞，通过旋转一定角度来开闭阀门。旋塞阀与管路的连接方式有螺纹连接和法兰连接两种。

根据通道结构不同，旋塞阀又可分为直通式和三通式。直通式旋塞上开有一个直孔，流体流向不变。三通式旋塞的流体流向则取决于旋塞的位置，可以使三路全通、三路全不通或任意两路相通。

旋塞阀结构简单，外形尺寸小，启闭快速，流体流动阻力小，但密封面加工、维修较困难。旋塞阀适用于公称压力 PN＜1.6 MPa、公称直径 DN 为 15～200 mm、温度≤150℃的场合。

旋塞阀可用于输送含有晶体和悬浮物的液体管道中；不适于调节流量；磨光旋塞费人工、旋转旋塞较费力，在高温时会由于膨胀而旋转不动。

#### 2.2.2.4　蝶阀

蝶阀主要由手柄、齿轮、阀杆、阀板、阀体等组成。当旋转手柄时，通过齿轮、阀杆、杠杆和松紧弹簧传动，使阀板门开启。当手柄反向转动时，使蝶阀关闭。蝶阀除手动外，还有电动、气动等方式。

阀门板呈圆盘状，可绕阀杆的中心线做旋转运动。蝶阀上都有表示蝶板位置的指示机构和保证蝶板在全开和全关的极限位置的限位机构。

蝶阀结构简单，维修方便，常用作截断阀，可用于大口径的水、空气、油品等管路。

#### 2.2.2.5　止回阀（止逆阀/单向阀）

止回阀是根据阀盘前后介质的压力差而自动启闭的阀门。如将它装在管道中，流体只能沿一个方向流动，从而阻止介质的逆流。它的结构是在阀体内装有一个阀盘或摇板，当介质顺流时，阀盘或摇板被顶开；当介质倒流时，阀盘或摇板受介质压力作用而自动关闭。

根据结构不同，止回阀分为升降式和旋启式两种。升降式止回阀的阀盘垂直于阀体通路做升降运动，一般应装在水平管道上，立式的升降式止回阀可装在垂直管道上。旋启式止回阀的摇板一侧与轴连接并绕轴旋转。

止回阀结构简单，不用驱动装置，但不适宜用于输送含有固体颗粒和黏度大的介质的管道。止回阀常用于泵、压缩机、排水管等不允许介质倒流的管道。

#### 2.2.2.6　节流阀

节流阀结构与截止阀相似，仅启闭件形状不同。截止阀的启闭件为盘状，而节流阀的启闭件为锥状或抛物线状。

节流阀属于调节类阀门。通过转动手轮，改变流体通道的截面积，从而调节介质流量与压力的大小。节流阀启闭时，流通面积变化缓慢，调节性能好，适用于需较准确调节流量或压力的氨、水、蒸汽和其他液体的管道，但不宜作截断阀使用。

#### 2.2.2.7　隔膜阀

隔膜阀的密封原理是靠操作机构的向下运动，压下隔膜或隔膜组合件与堰式的衬里阀体或直通式衬里阀体的通道相密合，使之达到密封效果。密封比压的大小靠关闭件向下的压力大小来实现。由于阀体可以衬各种软质材料（如橡胶或聚四氟乙烯等），隔膜也是由软质材料制成（如橡胶或合成橡胶衬里的聚四氟乙烯），故用较小的密封力就能实现完全密封。隔膜阀只有阀体、隔膜和阀盖组合件三个主要部件。隔膜将下部阀体内腔与上部阀盖内腔隔开，使位于隔膜上方的阀杆、阀杆螺母、阀瓣、气动控制机构、电动控制机构等零部件不与介质接触，且不会产生介质外漏，省去了填料函的密封结构。

#### 2.2.2.8 球阀

球阀主要由阀体、阀盖、密封阀座、球体和阀杆等组成，其结构与旋塞阀相似。球阀是通过旋转带孔球体来控制阀门启闭的。根据球体在阀体内可否浮动，分为浮动球球阀和固定球球阀。

球阀价格比旋塞阀贵，比闸阀便宜，操作极为可靠，易密封，易调节流量；流体中固体悬浮物会积聚在阀盘、阀座间，阻止闭合，因此不得用于输送含结晶和悬浮物的管道，可用于水、汽油等介质的输送管道，也可用于浆性和黏性介质的输送管道。

### 2.2.3 化工管道连接方式

管道的连接包括管子与管子的连接、管子与各种管件和阀门的连接，还包括设备接口处等的连接。管道连接的常用方法有焊接连接、法兰连接、螺纹连接、承插连接等。

#### 2.2.3.1 焊接连接

焊接连接属于不可拆连接方式。优点是连接密封性能好、结构简单、连接强度高，承受压力和温度范围广，适用于不需拆卸的管道，故在化工生产中得到广泛应用。

在进行焊接连接时，应对焊口处进行清理，以露出金属光泽为宜；在管口处所开坡口的角度和对口同心度应符合技术要求；应根据管道材质选取合适的焊接材料；对于厚壁管应分层焊接以确保质量。

在化工管道中常用的焊接方法有电焊、气焊、钎焊等。

#### 2.2.3.2 法兰连接

法兰连接是管道中应用最多的可拆连接方式。优点是结合强度高，密封可靠，拆卸方便，适用范围广，适用于各种通径和压力的管道连接。缺点是法兰连接比螺纹连接的阀门笨重，相应价格也高。当温度超过 350℃时，由于螺栓、垫片和法兰变得松弛，会明显降低螺栓的负荷，若法兰连接的受力很大，则可能产生泄漏。

在法兰连接中，法兰盘与管子的连接方法多种多样，常用的有整体式法兰、活套式法兰和介于二者之间的平焊法兰等。根据介质压力大小和密封性能的要求，法兰密封面有平面、凸凹面、锥面等。管道法兰设计、制造已标准化，需要时可根据公称压力和公称直径选取。

#### 2.2.3.3　螺纹连接

螺纹连接是通过内外管螺纹拧紧而实现的，螺纹连接的管子两端都设置了外螺纹，通过设置了内螺纹的连接件、管件或阀门相连接。

#### 2.2.3.4　承插连接

化工管道中，承插连接适用于压力不大、密封性要求不高的场合。常用于铸铁水管的连接方式，也可用于陶瓷管、塑料管、玻璃管等非金属管路的连接。

承插连接时，在插口和承口接头处应留有一定的轴间间隙，以适应管道受热后的伸长。为了增加承插连接的密封性，在承口和插口之间的环形间隙中，应填充油麻绳或石棉水泥等填料，在填料外面的接口处应涂一层沥青防腐层，以增加抗蚀性。

承插连接密封可靠性差，且拆卸比较困难，只适宜于低压管路。

#### 2.2.3.5　卡箍连接

卡箍连接适用于金属管插入非金属管的连接。

### 2.2.4　管道支架

管道支架是指用于地上架空敷设管道并起到支撑作用的一种结构件，又称作管道支座、管架等。管道支架作为管道的支撑结构，根据管道的运转性能和布置要求，可分成固定支架和活动支架两种。设置固定点的地方称为固定支架，这种管道与管道支架不能发生相对位移，此类管架要具有足够的刚度。设置中间支撑的地方常采用活动管架，管道与管架之间允许产生相对位移，不约束管道的热变形。管道支架可为钢结构、钢筋混凝土结构、砖木结构等。

**【复习题】**

1. 化工管道由哪些部分组成？
2. 简述弯头、三通、异径管、盲板的作用。
3. 常见的阀门类型有哪些？
4. 公称直径和公称压力的含义是什么？

# 实训2 管道阀门的认知

**【实训目的】**掌握各类管件、阀门的内部结构及工作原理。

**【实训器材】**各类阀门、管件等。

**【实训步骤】**

1．认识各类管件、阀门的内部结构。

2．观察阀门关闭和开启时的变化。

3．了解各阀门的工作原理。

4．拍摄各阀门内部和外部照片并贴在实训表格2（通过扫描目录下方二维码获得）内对应位置。

# 第 3 章　化工工艺安全技术

## 3.1　化工工艺概述

化工工艺是实现化工生产的科学和技术，涉及原料路线、操作条件、工艺流程、设备构型、检测自控、过程优化、安全生产、污染处理以及经济核算、市场供销等方面。其中，工艺流程包括多种单元操作（破碎、混合、加热、冷却、换热、蒸发、吸收、蒸馏、干燥等）和多个化学反应（主反应、副反应和辅助反应等），要求多个学科的配合协调。

在化工工艺学中，把将原料加工转变为产品的各工序的顺序叫作化工生产流程。一个完整的化工生产流程，无论何种类型的化工生产过程，一般在反应前有物料的预处理过程，在反应后有产物的分离提纯过程，在系统中一般有一个以上的化学反应过程。

### 3.1.1　间歇生产过程和连续生产过程

间歇生产过程中，反应物被逐批地处理，主要生产过程自始至终都在同一设备中进行，每次作业完成后卸出产品或半成品后重新装入原料，周期性地重复作业。

间歇生产过程由多个分批操作的间歇设备单元（如反应器、加热釜）和半连续操作设备单元（如泵、换热器、过滤机等）组成。间歇生产过程，又指依据事先制定的明确任务，确定生产设备组成和操作条件，分配设备单元的生产任务，安排、协调、实施生产的过程。其特征是：过程参数（如反应物组成、浓度、温度、压强、反应速率等）随时间不断变化，操作的工艺条件需要经常控制和调节。

连续生产过程中，组成均匀的反应物不断地进入反应系统，各反应有次序地在相应的设备或同一设备的不同部位进行，原料的输入和产物的卸出是连续的。稳定条件下连续生产过程的特征是：过程的物化和工艺参数不随时间而变化，过程的各反应可能在最适宜的条件下进行。

连续生产过程比间歇生产过程优越，主要表现在以下方面：

① 减轻手工劳动，易于自动控制和机械化生产。

② 各阶段工艺参数容易控制并保持在最适宜条件，生产过程均衡而稳定，可获

得高反应速率和较高的设备生产强度。

③ 原料和产物的装卸没有间歇，过程易于间歇化或受程序控制，操作易保持稳定，便于实现大规模生产，可大量生产均一且质量符合标准的产品。

④ 生产周期明显缩短，劳动生产率大大提高，减少了器械和附属设备的容积及厂房的投资，降低了产品的成本，有利于物料和能量的充分利用与综合利用。

⑤ 易回收能量，可用热料来加热冷料或用冷料来冷却热料。

⑥ 设备利用率较高，不必停车装卸料，在同样产量条件下可减少设备台数。

现代化学工业中绝大部分大型生产过程采用连续生产过程。但在多品种、小批量的精细制品的生产中（如化妆品、洗涤剂的生产），或者一些操作上有特殊要求的生产过程（如发酵），由于原料经常发生变化，操作有特殊安全要求或作业时间过长，因而常采用间歇生产过程。

### 3.1.2 化工工艺的分类

化学工业门类复杂，分类方法也异常繁多，既可以按原料或产品的特征来分类，也可以按反应过程及操作过程等来分类。但是用单一的分类方法很难将所有的化学工业部门都包括进去。这里只介绍按原料和产品品种的分类，主要的化工工艺类型有以下几种。

（1）无机化工工艺

① 基本无机化工工艺（包括无机酸、碱、盐及化肥的生产工艺）。

② 精细无机化工工艺（包括稀有元素、无机试剂、药品、催化剂、电子材料等的生产工艺）。

③ 电化学工艺（食盐水溶液的电解——烧碱、氯、氢的生产工艺；熔融盐的电解——金属钠、镁、铝的生产工艺、电热工艺等）。

④ 硅酸盐工艺（玻璃、水泥、陶瓷、耐火材料的生产工艺等）。

⑤ 矿物性颜料生产工艺。

（2）有机化工工艺

① 石油炼制及石油裂解工艺。

② 煤化工工艺（煤的焦化及煤焦油加工工艺）。

③ 基本有机合成工艺［以低碳（$C_1$～$C_{10}$）烃类为原料合成醇、醛、酸、酯、酮等］。

④ 精细有机合成工艺（医药、有机农药、染料和中间体、香料、有机试剂、合成洗涤剂、塑料和橡胶的添加剂、纺织印染助剂等的生产工艺）。

⑤ 高分子化工工艺（塑料、合成纤维、合成橡胶等高分子材料的合成工艺）。

⑥ 食品化工工艺（糖、淀粉、油脂、蛋白质、酒类等食品的生产工艺）。

⑦ 纤维素化工工艺。

尽管此种分类方法较常用，但并不能反映相应工艺的特性，也不能说明该工艺与有关因素和条件（如操作条件、设备构型等）的联系。

## 3.2　工艺参数的安全控制

化工生产过程中的工艺参数主要有温度、压力、流量、液位及物料配比等。按工艺要求将工艺参数严格控制在安全限度以内，是实现化工安全生产的基本保证。

### 3.2.1　温度控制

每个化学反应都有其最适宜的反应温度，准确控制反应温度不但对保证产品质量、产量和降低消耗具有重要意义，而且也是防火防爆所必需的。如果超温，反应物有可能分解着火，造成压力升高，导致爆炸；也可能因温度过高发生副反应，产生新的危险物或反应物。升温过快、过高或冷却降温设施发生故障，可能引起剧烈反应发生冲料或爆炸。温度过低有时会造成反应速率减慢或停滞，而一旦反应温度恢复正常时，往往会因为未反应的物料过多而发生剧烈反应导致爆炸。温度过低还会使某些物料冻结，造成管路堵塞或破裂，致使易燃物泄漏而发生火灾甚至爆炸。控制反应温度时，常可采取以下措施。

#### 3.2.1.1　移除反应热

化工反应一般都伴随着热效应，散发或吸收一定热量。例如，基本有机合成中的各种氧化反应、氯化反应、水合及聚合反应等均是放热反应；而各种裂解反应、脱氢反应、脱水反应等则是吸热反应。为使反应在一定温度下进行，有时必须向反应系统中移去一定的热量，以防因过热而发生危险。

温度的控制靠管外道生（dowtherm：导热姆，一种加热系统或者设备，有道生炉和道生加热系统）的流通实现。在放热反应中，道生从反应器移走热量，通过冷却器冷却；当反应器需要升温时，道生则通过加热器吸收热量，使其温度升高，向反应器送热。

移除反应热的方法目前有夹套冷却、内蛇管冷却、夹套内蛇管兼用、淤浆循环、液化丙烯循环、稀释剂回流冷却、惰性气体循环等。

此外，还采用一些具有特殊结构的反应器或在工艺上采取措施移除反应热。例如，合成甲醇是一个强烈的放热反应过程，采用一种具有特殊结构的反应器，反应器内装有热交换装置，混合合成气分两路，通过控制一路气体量的大小来控制反应温度。

向反应器内加入其他介质，例如通入水蒸气带走部分热量，也是常见的方法。

乙醇氧化制取乙醛时，将乙醇蒸气、空气和水蒸气的混合气体送入氧化炉，在催化剂作用下生成乙醛，利用水蒸气的吸热作用将多余的反应热带走。

#### 3.2.1.2 防止搅拌中断

在化学反应过程中，搅拌可以加速热量的扩散与传递，如果中断搅拌可能造成散热不良，或局部反应剧烈而发生危险。因此，要采取可靠的措施防止搅拌中断，如双路供电、增设应急人工搅拌装置等。

#### 3.2.1.3 正确选择传热介质

化工生产中常用的热载体有水蒸气、热水、过热水、碳氢化合物（如矿物油、二苯醚等）、熔盐、汞和熔融金属、烟道气等。充分了解、掌握热载体的性质并进行正确选择，对确保加热过程的安全十分重要。

（1）避免使用与反应物料性质相抵触的介质

如环氧乙烷很容易与水发生剧烈的反应，甚至极微量的水分渗入液体环氧乙烷中，也会引起自聚发热产生爆炸。又如金属钠遇水即发生反应而爆炸，因此金属钠的加热或冷却可采用液体石蜡进行传热。所以，应尽量避免使用与反应物料发生明显作用的物质作为加热或冷却介质。

（2）防止传热面结疤（垢）

结疤不仅会影响传热效率，更危险的是因物料分解而引起爆炸。水质不好而结成水垢或物料聚结在传热面上会引起结疤，另外，物料聚合、缩合、凝聚、碳化等原因也可引起结疤，此类结疤情况危险性更大。

对于明火加热的设备，要定期清渣、清洗和检查锅壁厚度，防止锅壁结疤。

（3）安全使用热载体

热载体在使用过程中处于高温状态，所以安全问题十分重要。高温热载体，例如联苯混合物（由73.5%联苯醚和26.5%联苯组成），在使用过程中要防止低沸点液体（如水及其他液体）进入。因为低沸点物质进入系统，与高温热载体会立即汽化造成超压爆炸。热载体运行系统不能有死角（如冷凝液回流管高出夹套底部，夹套底部就可能造成死角），以防水压试验时积存水或其他低沸点物质。热载体运行系统在水压试验后，一定要有可靠的脱水措施，在运行前，应当进行干燥处理。

（4）妥善处理热不稳定物质

对热不稳定物质要注意降温和隔热措施。对能生成过氧化物的物质，加热之前要从物料中除去。

### 3.2.2 压力控制

压力是生产装置运行过程的重要参数。当管道其他部分阻力发生变化或有其他扰动时，压力将偏离设定值，影响生产过程的稳定，甚至引起各种重大生产事故，因此必须保证生产系统压力的恒定，才能保障化工生产的正常进行。

### 3.2.3　投料速度和配比控制

① 对于放热反应，投料速度不能超过设备的传热能力，否则，物料温度将会急剧升高，引起物料的分解、突沸而产生事故。投料温度如果过低，往往造成物料积累、过量，温度一旦恢复正常，反应便会加剧进行，如果此时热量不能及时导出，温度及压力都会超过正常指标，造成事故。

② 对连续化程度较高、危险性较大的生产，要特别注意反应物料的配比关系。例如，环氧乙烷生产中乙烯和氧的混合反应，其浓度接近爆炸范围，尤其在开车、停车过程中，乙烯和氧的浓度都在发生变化，而且开车时催化剂活性较低，容易造成反应器出口氧浓度过高。为保证安全，应设置联锁装置，经常核对循环气的组成，尽量减少开车、停车次数。

③ 投料速度太快时，除影响反应速率和温度之外，还可能造成尾气吸收不完全，引起毒气或可燃性气体外逸。例如，某农药厂乐果生产硫化岗位，由于投料速度太快，使硫化氢尾气来不及吸收而外逸，引起中毒事故。

④ 另一个值得注意的问题是投料顺序问题。如氯化氢合成应先投氢，后投氯；三氯化磷生产应先投磷，后投氯；磷酸酯与甲胺反应时，应先投磷酸酯，再滴加甲胺等，反之可能发生爆炸。

⑤ 投料过少也可能引起事故。有两种情况，一种情况是投料量少，使温度计接触不到料面，温度指示出现假象，导致判断错误，引起事故；另一种情况是物料的气相与加热面（夹套、蛇管加热面）接触不良，可使易于热分解的物料局部过热分解，同样会引起事故。

### 3.2.4　杂质超标和副反应的控制

反应物料中危险杂质超标易导致副反应、过反应的发生，造成燃烧或爆炸。因此，化工生产原料、成品的质量及包装的标准是保证生产安全的重要条件。

反应原料气中，如果有害气体不清除干净，在物料循环过程中，就会越积越多，最终导致爆炸。有害气体除采用吸收清除的方法之外，还可以在工艺上采取措施，不使之积累。例如高压法合成甲醇，在甲醇分离器之后的气体管道上设置放空管，通过控制放空量以保证系统中有用气体的比例。这种将部分反应气体放空或进行处理的方法也可以用来防止其他爆炸性介质的积累。

有时为了防止某些会引起事故的有害杂质的存在，还可以采用加稳定剂的办法。如氰化氢在常温下呈液态，储存时必须使其所含水分低于 1%，然后装入密闭容器中，储存于低温处。为了提高氰化氢的稳定性，常加入浓度为 0.001%～0.5%的硫酸、磷酸及甲酸等酸性物质作为稳定剂或吸附在活性炭上加以保存。

## 3.3 自动控制与安全联锁装置

自动化系统按其功能分为四类，分别是自动检测系统、自动调节系统、自动操纵系统和自动信号、联锁和保护系统。这四种系统都可以在生产操作中起到控制作用。自动检测系统和自动操纵系统主要是使用仪表和操纵机构，若需调节则尚需人工操作，通常称为仪表控制。自动调节系统，则不仅可检测和操作，还可通过参数与给定值的比较和运算而发出调节指令，因此也称为自动控制。

### 3.3.1 自动检测系统

自动检测系统是可对机器、设备及过程自动进行连续检测，把工艺参数等变化情况显示或记录出来的自动化系统。从信号连接关系上看，对象的参数如压力、流量、液位、温度、物料成分等信号送往自动检测系统，自动检测系统将此信号变换、处理并显示出来。自动检测系统包括检测部分和报警部分（扫描目录下二维码获得高清图 27）。

### 3.3.2 自动调节系统

通过自动调节，使工艺参数保持为定值的自动化系统为自动调节系统。工艺系统保持给定值是稳定正常生产所要求的。从信号连接关系上看，欲了解参数是否在给定值上，就需要进行检测，即把对象的信号送往自动调节系统，与给定值比较后，将一定的命令送往对象，驱动阀门产生调节动作，使参数趋近于给定值。

### 3.3.3 自动操纵系统

自动操纵系统是指可以对机器、设备及过程的启动、停止及交换、接通等工序，进行自动操纵的自动化系统。操作人员只要对自动操纵系统发出指令，全部工序即可自动完成，可以有效地降低操作人员的工作强度，提高操作的可靠性。

### 3.3.4 自动信号、联锁和保护系统

机器、设备及过程出现不正常情况时，会发出警报或自动采取措施，以防事故发生，保证安全生产的自动化系统。有一类仅仅是发出报警信号，这类系统通常由电接点、继电器及声光报警装置组成。当参数超出容许范围后，电接点使继电器动作，利用声光装置发出报警信号。另一类是不仅报警，而且自动采取措施。例如，当参数进入危险区域时，自动打开安全阀，或在设备不能正常运行时自动停车，或将备用的设备接入等。这类系统通常也由电接点及继电器等组成。

# 3.4　化工生产安全设施认识

## 3.4.1　安全设施的含义

安全设施是指企业（单位）在生产经营活动中将危险因素、有害因素控制在安全范围内以及预防、减少、消除危害所配备的装置（设备）和采取的措施。

## 3.4.2　安全设施的分类

安全设施分为预防事故设施、控制事故设施以及减少与消除事故影响设施 3 类。

### 3.4.2.1　预防事故设施

（1）检测、报警设施

压力、温度、液位、流量、组分等报警设施（扫描目录下二维码获得高清图 28～高清图 30），可燃气体、有毒有害气体、氧气等检测和报警设施，用于安全检查和安全数据分析等的检验检测设备、仪器。

（2）设备安全防护设施

防护罩、防护屏、负荷限制器、行程限制器，制动、限速、防雷、防潮、防晒、防冻、防腐、防渗漏等设施，传动设备安全锁闭设施，电器过载保护设施，静电接地设施。

（3）防爆设施

各种电气设备、仪表的防爆设施（扫描目录下二维码获得高清图 31 和高清图 32），抑制助燃物品混入（如氮封）、易燃易爆气体和粉尘形成等设施，阻隔防爆器材，防爆工器具。

（4）作业场所防护设施

作业场所的防辐射、防静电、防噪声、通风（除尘、排毒）、防护栏（网）、防滑、防灼烫等设施。

（5）安全警示标志

包括各种指示、警示作业安全和逃生避难及风向等的警示标志。

### 3.4.2.2　控制事故设施

（1）泄压和止逆设施

用于泄压的阀门、爆破片、放空管等设施（扫描目录下二维码获得高清图 33 和高清图 34），用于止逆的阀门等设施，真空系统的密封设施。

（2）紧急处理设施

紧急备用电源，紧急切断、分流、排放（火炬）、吸收、中和、冷却等设施，通入或者加入惰性气体、反应抑制剂等的设施，紧急停车、仪表联锁等设施。

#### 3.4.2.3 减少与消除事故影响设施

（1）防止火灾蔓延设施

阻火器、安全水封、回火防止器、防油（火）堤，防爆墙、防爆门等隔爆设施（扫描目录下二维码获得高清图 35 和高清图 36），防火墙、防火门、蒸汽幕、水幕等设施，防火材料涂层。

（2）灭火设施

水喷淋、惰性气体释放、蒸汽释放、泡沫释放等灭火设施，消火栓、高压水枪（炮）、消防车、消防水管网、消防站等。

（3）紧急个体处置设施

洗眼器、喷淋器、逃生器、逃生索、应急照明等设施（扫描目录下二维码获得高清图 37）。

（4）应急救援设施

堵漏、工程抢险装备和现场受伤人员医疗抢救装备（扫描目录下二维码获得高清图 38 和高清图 39）。

（5）逃生避难设施

逃生和避难的安全通道（梯）、安全避难所（带空气呼吸系统）、避难信号等。

（6）劳动防护用品和装备

包括保护头部、面部、视觉器官、呼吸器官、听觉器官、四肢、躯干，防火、防毒、防灼烫、防腐蚀、防噪声、防光射、防高处坠落、防砸击、防刺伤等免受作业场所物理、化学因素伤害的劳动防护用品和装备。

## 【复习题】

1. 间歇生产过程和连续生产过程的区别有哪些？
2. 间歇生产过程的特点有哪些？
3. 连续生产过程的优点有哪些？
4. 影响工业生产过程安全稳定的因素有哪些？
5. 温度控制的安全措施有哪些？
6. 投料速度和配比的安全要点有哪些？

## 实训 3　全身式安全带的佩戴

**【实训目的】**掌握全身式安全带的佩戴方法。

**【实训器材】**全身式安全带。

**【实训步骤】**

① 老师示范安全带的正确使用方法。

第一步：检查安全带：握住安全带背部衬垫的 D 型环扣，保证织带没有缠绕在一起。

第二步：开始穿戴安全带：将安全带滑过手臂至双肩。保证所有织带没有缠结，自由悬挂。肩带必须保持垂直，不要靠近身体中心。

第三步：连接腿部织带：抓住腿带，将它们与臀部两边的织带上的搭扣连接。将多余长度的织带穿入调整环中。

第四步：连接胸部织带：将胸带通过穿套式搭扣连接在一起。胸带必须在肩部以下 15 cm 的地方，多余长度的织带穿入调整环中。

第五步：调整安全带。

肩部：从肩部开始调整全身的织带，确保腿部织带的高度正好位于臀部下方，背部 D 型环位于两肩胛骨之间。

腿部：对腿部织带进行调整，试着做单腿前伸和半蹲，调整使得两侧腿部织带长度相同。

胸部：胸部织带要交叉在胸部中间位置，并且离胸部下方大约 3 个手指宽度的距离。

② 学生按照步骤正确佩戴。

③ 佩戴过程拍照并将照片贴到实训表格 3（通过扫描目录下方二维码获得）内对应位置。

# 第 4 章　化工单元操作安全技术

将原料从产品制备为成品的生产工序称为化工生产过程。一般情况下，化工生产过程可以分为三个基本部分，即原料的预处理、反应和产品的分离。

各种化工生产过程都是由化学反应与物理生产过程串联而成的，各种物理操作都是基本的化工生产过程，以物理过程为主的处理方法又可概括为具有共同物理变化特点的基本操作，称为化工单元操作。

化工单元操作包括物料输送、加热、冷却、冷凝、冷冻、蒸发及蒸馏、气体吸收、萃取、结晶、过滤、干燥等。这些单元操作遍及各种化工行业。化工单元操作涉及泵、换热器、反应器、蒸馏塔、吸收塔等一系列设备。

化工单元操作既是能量集聚、传输的过程，也是两类危险源相互作用的过程，降低化工单元操作的危险性是化工安全生产工程的重点。

## 4.1　物料输送

在化工生产过程中，经常需要将各种原材料、中间体、产品以及副产品和废物从前一个工段输送到后一个工段，或由一个车间输送到另一个车间，或输送到仓库储存，这些输送过程就是物料输送。这些输送过程都是借助各种输送机械设备来实现的。由于所输送物料的性状不同（块状、粉状、液体、气体），所采用的输送方式和机械也各异，但无论采取何种输送形式，保证它们的安全运行都是十分重要的。若一处受阻，不仅影响整条生产线的正常运行，还可能导致各种事故。

### 4.1.1　固体物料的输送

常见输送设备输送的固体物料分为块状物料和粉状物料，在实际生产中固体物料的输送方式有以下几种：

#### 4.1.1.1　机械输送

采用皮带输送机、螺旋输送机、刮板输送机、链斗输送机、斗式提升机等机械输送设备（扫描目录下二维码获得高清图 40 和高清图 41）。这类输送设备连续往返运动，可连续加料，连续卸载，主要通过皮带和齿轮传动，在运行中除设备本身会发生事故以外，还会造成人身伤害。

（1）危险因素

① 机械输送设备连续往返运转，皮带同皮带轮接触的部位，齿轮与齿轮、齿条、链带相啮合的部位及其端面均是极其危险的部位，可能会由于操作者操作方式或位置不对，而造成断肢伤害甚至危及生命，因此这些部位应安装防护罩。

② 运行负荷过载、卡料或设备缺陷等原因而造成拉断链条、链板，甚至拉毁整个输送设备机架，造成机毁人亡的事故。如斗式提升机曾出现因链条拉断而坠落的事故。

③ 在运行过程中，因装料过满落料也可造成伤害事件。

输送设备的日常维护（润滑、加油和清扫）中，因未制定严格的作业规程或违章操作，导致触电或机械伤害事故，是机械设备造成操作者致伤的主要原因。因此，除了要加强对机械设备的常规维护，还应对齿轮、皮带、链条等部位采取防护措施。

（2）防护措施

① 皮带传动。皮带的形式与规格应根据输送物料的性质、负荷情况进行合理选择，要有足够大的强度，皮带胶接应平滑，并根据负荷调整松紧度。在运行过程中，要防止因高温物料烧坏皮带，或因斜偏刮挡撕裂皮带的事故发生。

皮带同皮带轮接触的部位，对于操作工人是极其危险的部位，可造成断肢伤害甚至危及生命。正常生产时，该部位应安装防护罩。检修时拆下防护罩，检修完毕应立即重新安装好。

② 齿轮传动。齿轮传动的安全运行，取决于齿轮同齿轮、齿条、链条是否良好啮合，以及传动器件是否具有足够的强度。此外，要严密注意负荷的均匀性、物料的粒度以及混入其中的杂物，防止因卡料而拉断链条、链板，甚至拉毁整个输送设备机架。齿轮同齿轮、齿条、链条相啮合的部位是极其危险的部位，因此该处连同其端面均应采取防护措施，以防止发生重大人身伤亡事故。

③ 输送设备的开车、停车。在生产中有自动开停和手动开停两种系统。为保证输送设备的安全，还应安装超负荷、超行程停车保护装置。紧急事故停车开关应设在操作者经常停留的部位。停车检修时，开关应上锁或撤掉电源。

长距离输送系统，应安装开车、停车联系信号，以及给料、输送、中转系统的自动联锁装置或程序控制系统。

④ 输送设备的日常维护。日常维护中的润滑、加油和清扫工作也是操作者致伤的主要原因。因此，应提倡安装自动注油和清扫装置，以降低发生此类危险的概率。

#### 4.1.1.2　气力输送（风送）

气力输送又称风力输送，它主要凭借真空泵或风机产生的气流动力以实现物料输送。最常见的是吸送式和压送式系统。

（1）输送类型

① 吸送式系统（负压输送）。风机或真空泵安装在系统的尾部，通过形成的吸力将空气与物料一起吸入，经分离器将物料与空气分离，由分离器底部排出，空气则由除尘器净化后排入大气或循环使用。

特点：具有输送量大、动力消耗小、防尘效果好、系统紧凑、工作可靠和磨损小等优点。适用于输送干燥、松散、流动性好的粉状物料。

② 压送式系统（正压输送）。风机是装在系统的前端，风机启动后，管道压力高于大气压，从料斗下来的物料通过喉管与空气混合送至分离器，被分离出的物料经卸料器卸出，空气经除尘器净化后排入大气。

特点：气力输送系统密封性好、物料损失少、构造简单、操作简便，易实现自动化且物料输送距离远（达数百米），但能量消耗大、管道磨损大，不适用于输送湿度大、易黏结的物料。

（2）危险因素

气力输送系统除设备本身因故障损坏外，最大的风险是系统的堵塞和由静电引起的粉尘爆炸。以下几种情况易发生堵塞：

① 具有黏性或湿性过高的物料较易在供料处、转弯处黏附管壁，造成堵塞。

② 大管径长距离输送管比小管径短距离输送管更易发生堵塞。

③ 管道连接不同心时，有错偏或焊渣突起等障碍处易堵塞。

④ 输料管径突然扩大，或物料在输送状态中突然停车时，易造成堵塞。

最易堵塞的部位是弯管和供料处附近的加速段，由水平向垂直过渡的弯管易堵塞。为避免堵塞，设计时应确定合适的输送速度，选择管系的合理结构和布置形式，尽量减少弯管的数量。

输料管壁厚通常为 3～8 mm。输送磨削性较强的物料时，应采用管壁较厚的管道，管内表面要求光滑，不准有褶皱或凸起。

此外，气力输送系统应保持良好的严密性。否则，吸送式系统的漏风会导致管道堵塞。而压送式系统漏风，会将物料带出，污染环境。

粉料在气力输送系统中，会与管壁发生摩擦而使系统产生静电，这是导致粉尘爆炸的重要原因之一。

另外，输送管道内无泄压装置，可能发生超压（扫描目录下二维码获得高清图 42）。

（3）防护措施

必须采取下列措施加以消除：

① 在风机出口管道上装设实时粉尘浓度探测器，当浓度超标时，立即报警并停机检修，同时除尘器进风口、出风口设置风压差监测报警装置，当进口、出口风压

力变化大于允许值的 20%时，监测装置发出声光报警信号。

② 输送粉料的管道应选用导电性较好的材料，并应良好接地。若采用绝缘材料管道，且能产生静电时，管外应采取可靠的接地措施。

③ 应对粉料的粒度、形状，物料与输送管道材料的匹配度，管道直径大小等问题进行试验，优选产生静电小的进行配置。

④ 输送管道直径要尽量大些。管路弯曲和变径应平缓，弯曲和变径处越少越好。管内壁应平滑，不许装设网格之类的部件。

⑤ 管道内风速不应超过规定值，输送量应平稳，不应有急剧的变化。

⑥ 粉料不要堆积管内，要定期使用空气进行管壁清理。

## 4.1.2 液体物料的输送

化工生产过程中输送的液态物料种类繁多、性质各异（有高黏度溶液、悬浮液、腐蚀性溶液等），且温度、压强又有高低之分，因此，所用泵的种类较多。生产中常用的有离心泵、往复泵、旋转泵等。

### 4.1.2.1 输送设备

（1）离心泵

离心泵是通过泵体内高速旋转的叶片给液体以动能，再由动能转化成静压能，然后排出泵外（扫描目录下二维码获得高清图 43）。

由于离心力的作用，叶轮通道内的液体被排出，此时叶轮进口处呈负压，液体则被吸入。离心泵在开动前，泵内和吸入管必须用液体充满或采取其他措施以防气缚现象发生。气缚现象是指离心泵启动时，若泵内存有空气，由于空气密度很低，旋转后产生的离心力较小，因而叶轮中心区所形成的低压不足以将储槽内的液体吸入泵内，虽启动离心泵也不能输送液体，所以必须在启动前向壳内灌满液体。气缚现象会使离心泵产生振动和噪声，电流波动，以及损伤轴密封装置及转动机械。

（2）往复泵

往复泵主要由泵体、活塞（或活柱）和两个单向活门构成。依靠活塞的往复运动将外能以静压力形式直接传给液态物料，借以传送。往复泵按其吸入液体动作可分为单动、双动及差动往复泵。

蒸汽往复泵以蒸汽为驱动力，不用电和其他动力，可以避免产生火花，故而特别适用于输送易燃液体。当输送酸性液体和悬浮液时，选用隔膜往复泵较为安全。

（3）旋转泵

旋转泵与往复泵一样，同属于正位移泵。与往复泵的主要区别是泵中没有活门，只有在泵中旋转着的转子。旋转泵依靠旋转时排送液体，留出空间形成低压将液体连续吸入和排出。

因为旋转泵属于正位移泵，故流量不能用出口管道上的阀门进行调节，而采用改变转子转速或回流支路的方法调节流量。

（4）“酸蛋”

在化工生产中，也有用压缩空气为动力来输送一些酸、碱等有腐蚀性的液体，俗称“酸蛋”。这些设备也属于压力容器，要有足够的强度。在输送有爆炸性或燃烧性的物料时，要采用氮、二氧化碳等气体代替空气，以防造成燃烧或爆炸。

（5）高位槽送料

即先用泵将液体送入高位槽，再从高位设备输送到低位设备，通过直接将两设备用管道连接的办法实现。高位槽的高度必须能够保证输送任务所要求的流量。

（6）真空抽料

在物料受槽中抽真空，将被输送物料吸入受槽。这是化工生产中常用的一种流体输送方法，需要真空系统，不适用于输送易挥发的液体，主要用于间歇送料场合。

#### 4.1.2.2 防护措施

（1）离心泵

操作前及时压紧填料函，但不要过紧、放松，以防磨损轴部使物料喷出，停车时慢慢关闭泵出口阀门，使泵空转，使用后放净泵与管道内积液，以防冬季冻坏设备、管道。

在输送可燃液体时，其管道内流速不应大于安全流速，且管道应有可靠的接地措施以防静电，同时要避免吸入口产生负压，使空气进入系统导致爆炸或抽瘪设备。

安装离心泵时，混凝土基础需稳固，且基础不应与墙壁、设备或房柱基础相连接，以免产生共振。

为防止杂物进入泵体，吸入口应加滤网。泵与电机的联轴节应加防护罩以防绞伤。

在生产中，若输送的液体物料不允许中断，则需要考虑配置备用泵和备用电源。

（2）往复泵

开动前，需对各运动部件进行检查。观其活塞、缸套是否磨损，吸液管上的垫片是否适合法兰的大小，以防泄漏。各注油处应适当加油润滑。

开车时，将泵体内壳充满液体，排除缸内空气。若在出口装有阀门，需将出口阀门打开。

需要特别注意的是，对于往复泵等正位移泵，严禁用出口阀门调节流量，否则会造成设备或管道损坏。

对于易燃液体不能采用压缩空气压送。因为空气与易燃液体混合，可形成爆炸混合物，且有产生静电的可能。

对于闪点很低的易燃液体，应用氮或二氧化碳等气体压送。闪点较高及沸点在130℃以上的可燃液体，如有良好的接地装置，可用空气压送。输送易燃液体采用蒸汽往复泵较为安全。如采用离心泵，则泵的叶轮应用有色金属或塑料制造，以防撞击发生火花。设备和管道应良好接地，以防静电引起火灾。

用各种泵类输送可燃液体时，其管内流速不应超过安全速度。另外，虹吸和自流的输送方法比较安全，在工厂中应广泛应用。

（3）高位槽

高位槽液体需通过泵压送或负压输送提升到高位槽。在提升过程中由于流体的摩擦，很容易在高位槽或计量槽产生静电火花而引燃，因此在提升过程中除控制流速外，还应将流体入口管插入液面下。与物料相关的设备、管线、阀门、法兰等应形成一体并可靠接地。

（4）真空抽料

输送系统必须设计有良好的接地系统，输送系统的管道应当采用金属管道，不应采用非金属管线。

真空输送易燃液体时，需要注意输送过程的密闭性，否则在系统内易燃蒸汽与空气形成爆炸性混合气体，在点火源的作用下就会引起爆炸。

### 4.1.3　气体物料的输送

气体与液体的不同之处是气体具有可压缩性，在其输送过程中，当气体压力发生变化时，其体积和温度也随之变化。

输送和压缩气体的设备统称为气体压送机械。气体压送机械的类型及用途如表4-1 所示。

**表 4-1　气体压送机械类型及用途**

| 类型 | 用途 |
|---|---|
| 通风机 | 用于通风换气 |
| 鼓风机 | 用于送气 |
| 压缩机 | 造成高压 |

#### 4.1.3.1　压送机械

（1）通风机

通风机的主要用途为换气通风，主要危险来自转动的叶片。在使用通风机时，应保证转动部件防护罩安装良好，必要时安装消音装置，另外要防止触电（扫描目录下二维码获得高清图 44）。

（2）鼓风机

鼓风机的主要用途为换气或给炉内鼓风，主要危险来自转动的叶片。在使用鼓风机时，应保证转动部件防护罩安装良好，必要时安装消音装置，另外要防止触电（扫描目录下二维码获得高清图 45）。

（3）压缩机

气体物料的输送采用压缩机。输送可燃气体要求压力不太高时，采用液环泵。液环泵是一种输送气体的流体机械，它靠叶轮的旋转将机械能传递给工作液体（旋转液体），又通过液环对气体的压缩，把能量传递给气体，使其压力升高，达到抽吸真空（作真空泵用）或压送气体（作压缩机用）的目的，二者统称为液环泵。抽送或压送可燃性气体时，进气吸入口应该经常保持一定余压，以免造成负压吸入空气形成爆炸性混合物（雾化的润滑油或其分解产物与压缩空气混合，同样会产生爆炸性混合物）。可燃气体的输送管道，应经常保持正压，并根据实际需要安装逆止阀、水封和阻火器等安全装置（扫描目录下二维码获得高清图 46）。

#### 4.1.3.2　防护措施

① 为避免压缩机汽缸、储气罐以及输送管路因压力增高而爆炸，要求这些部件应有足够的强度。此外，要安装经校验的压力表和安全阀（或爆破片）。安全阀泄压应将其危险气体引导至安全的地方。还可安装压力超高报警器、自动调节装置或压力超高自动停车装置。

② 压缩机在运行中，冷却水不能进入汽缸，以防发生“水锤”（在突然停电或者在阀门关闭太快时，由于水流的惯性，产生水流冲击波，就像锤子敲打一样，所以称为“水锤”）。氧压机严禁与油类接触，一般采用含 10%以下甘油的蒸馏水作为润滑剂。其中水的含量应以汽缸壁充分润滑而不产生“水锤”为准（80～100 滴/min）。

③ 压缩机在运行中应有可靠的润滑和冷却保护，防止运转轴承等部位超温。可安装温度监测与停车保护设施。对于氧压机要严禁与油类接触，一般采用含 10%以下甘油的蒸馏水作为润滑剂。

④ 气体抽送、压缩设备上的垫圈易损坏而造成漏气，应经常检查、及时修换。

⑤ 对于特殊压缩机，应根据压送气体物料不同的化学性质，制定不同的安全要

求。如乙炔压缩机中，同乙炔接触的部件不允许用铜来制造，以防生成具有危险性的乙炔铜等。

⑥ 易燃气体、易燃液体管道不允许同电缆一起敷设。可燃气体管道同氧气管一同敷设时，两管道应至少保持 250 mm 的净距。

⑦ 管内可燃气体流速不应过高。管道应良好接地，以防止产生静电并引起事故。

⑧ 对于易燃、易爆气体或蒸气的抽送、压缩设备的电机部分，应全部采用防爆型；否则，应穿墙隔离设置。

## 4.1.4　长途管路的输送

### 4.1.4.1　长途管道运输的特点

管道运输是原油和成品油最主要的运输方式，与铁路运输、公路运输、水路运输相比，具有以下特点：

① 运输量大。一条 $\Phi$720 mm 管道年输油量达 $2\times10^7$ t，相当于一条铁路的运输量。

② 管道大部分埋设于地下，占地少，受地形、地物的限制少，可以缩短运输距离。

③ 密闭相对安全，能够长期稳定运行，输油受恶劣气候影响小，无噪声，油气损耗小，对环境污染少。

④ 便于管理，易于实现远程集中控制。

⑤ 能耗少，运费低。

⑥ 适于大量、单向、定点运输石油等流体货物，但不如车、船等运输灵活、多样。

### 4.1.4.2　事故类型

长途管道主要事故类型有泄漏、爆炸、火灾等，事故易引起人体中毒和窒息、破坏水生态等。

### 4.1.4.3　事故原因

截至 2018 年年底，我国长途输油气管道总里程为 $13.6\times10^4$ km，规划到 2030 年将超过 $20\times10^4$ km。油气管道安全影响因素较多，部分因素偶发性强，运行风险高，管网安全事关国家能源发展战略和公共安全。

目前，美国是世界上管道系统（包括危险液体管道、输气集气管道、配气管道）最完善的国家。美国 PHMSA 的统计数据显示，截至 2018 年年底，美国管道总里程为 $446.94\times10^4$ km，其中危险液体管道（以输油管道为主）$35.23\times10^4$ km，约占全国 7.88%；输气集气管道 $51.43\times10^4$ km，约占全国 11.51%；配气管道（以城市燃气管道为主）360.28×$10^4$ km，约占全国 80.61%。2002—2015 年美国共发生危险液体管道事故 5 384 次、输气集气管道事故 1 788 次、配气管道事故 1 409 次。对于危险液体管道，设备失效、管道材料/焊接处腐蚀、误操作是主要原因；对于输气集气管道，设备失效、管道材料/焊接处腐蚀是主要原因，由于误操作而导致事故发生的可能性较小；对于配气管道，挖掘破坏和其他外力导致事故发生的比例较大，这是由于配气管道多处于人口稠密地区，第三方人员活动较为频繁。相对于其他两类管道，配气管道受腐蚀的影响要小很多，这是由于配气管道系统属于石油产业链的下游，其输送的介质中杂质较少，内腐蚀影响较小，并且配气管道多使用 PE 管，耐腐蚀性强。

## 4.2 加热及传热过程

加热是促进化学反应和物料蒸发、蒸馏等操作的必要手段。

传热，即热量的传递。化学工业与传热的关系尤为密切。加热是控制温度的重要手段，其操作的关键是按规定严格控制温度的范围和升温速度。

### 4.2.1 加热方式

加热温度在 100℃以下的，常用热水或蒸汽加热；加热温度在 100～140℃的用蒸汽加热；加热温度超过 140℃的，则用加热炉直接加热或用热载体加热；加热温度超过 250℃时，一般用电加热。

#### 4.2.1.1 直接用火加热

处理易燃易爆物质时，直接用火加热危险性最大。因其温度不易控制，最高可加热到 1 030℃，可能造成局部过热烧坏设备。

直接用火加热的主要危险性是由于加热不均匀易引起易燃液体、蒸气的燃烧爆炸。所以，在处理易燃易爆物质时，一般不采用此法。

#### 4.2.1.2 蒸汽、热水加热

对于易燃易爆物质，采用蒸汽或热水加热是比较安全的，温度容易控制，加热温度为 100～140℃。主要危险性在于设备和管道超压爆炸，升温过快引发事故。

蒸汽是最常用的加热剂，通常使用饱和水蒸气。用蒸汽加热的方法有两种，分别是直接蒸汽加热和间接蒸汽加热。直接蒸汽加热时，蒸汽直接进入被加热的介质中并与其混合，这种方法适用于允许被加热介质和蒸汽的冷凝液混合的场合。间接蒸汽加热是通过换热器的间壁传递热量。

热水加热温度一般不高，加热温度慢，操作稳定，只要定期排放不凝性气体，

就能保证正常操作。

蒸汽加热必须不断排出冷凝水，否则积聚于换热器中，部分或全部变为无相变传热，传热速率会下降。同时，还必须及时排放不凝性气体，因为不凝性气体的存在会使蒸汽冷凝的给热系数大大降低。

#### 4.2.1.3　载体加热

载体加热中所用载热体种类很多，通常有油类、联苯、二苯醚、无机盐、液态金属、烟道气等。载体加热的主要危险性在于载热体物质本身的危险性。

液态金属可加热至 300～800℃，烟道气可加热至 1 100℃，液态或气态高温有机物可将物料加热到 400℃。常用的有机物加热剂有甘油、乙二醇、萘、联苯与二苯醚的混合物、二甲苯基甲烷、矿物油和有机硅液体等。高温有机物由于具有燃烧爆炸危险、高温结焦和积炭危险，运行中密闭性和温度控制必须严格。

#### 4.2.1.4　电加热

电加热比较安全，且易控制和调节温度（最高可加热至 3 000℃），一旦发生事故，可迅速切断电源。主要危险性为电炉丝绝缘被破坏、线路短路、接触不良而产生电火花，从而引燃物料。

### 4.2.2　换热器分类及安全要点

换热器可分为管式换热器、板式换热器、混合式换热器等。

间接加热是化工生产中应用最广泛的加热方法，它是通过换热器来实现的，因此换热器的安全运行对于加热操作过程尤为重要。为了保证换热器长久正常运转，必须正确使用换热器，并重视对设备的维护、保养和检修，将维护的重要性摆在首位，强调安全预防。为了防止任何可能事故的发生，这就要求必须掌握换热器的基本操作方法、运行特点和维护要点。

为保证换热器可以安全运行，需要按照以下安全要求操作：

① 投产前应检查压力表、温度计、液位计以及有关阀门是否齐全、状态良好。

② 输入蒸汽前先打开冷凝水排放阀门，排出积水和污垢；打开放空阀，排出空气和其他不凝性气体。

③ 换热器投产时，要先通入冷流体，缓慢或数次通入热流体，做到先预热后加热，切忌骤冷骤热，以免换热器受到损坏，影响使用寿命。

④ 进入换热器的冷热流体如果含有大颗粒固体杂质和纤维质，一定要提前过滤和清除，防止堵塞通道。

⑤ 经常检查两种流体的进出口温度和压力，发现温度、压力超出正常范围或有超出正常范围的趋势时，要立即查出原因，并采取措施，使之恢复正常。

⑥ 定期分析流体的成分，以确定有无内漏，以便及时处理。定期对列管换热器进行堵管或换管操作。定期对板式换热器进行修补或更换板片。

⑦ 定期检查换热器有无渗漏、外壳有无变形以及有无振动的情况，若存在则应及时处理。

⑧ 定期排放不凝性气体和冷凝液，定期进行清洗。

### 4.2.3 加热与传热技术的危险性及注意事项

使用不同的加热方式，会存在不同的危险性，要注意以下要点：

① 温度过高会使化学反应速度加快，若是放热反应，则放热量增加，一旦散热不及时，温度失控，发生冲料，甚至会引起燃烧和爆炸。

② 升温速度过快不仅容易使反应超温，而且还会损坏设备。如升温过快会使带有衬里的设备及各种加热炉、反应炉等设备损坏。

③ 当加热温度接近或超过物料的自燃点时，容易发生火灾或者爆炸；若加热温度接近物料分解温度，容易造成物料分解，产生可燃气体或爆炸气体。

④ 采用硝酸盐、亚硝酸盐等无机盐作为加热载体时，要预防与有机物等可燃物接触，这类载体往往具有强氧化性，与有机物接触后会发生强烈的氧化还原反应引起燃烧或爆炸。

⑤ 与水发生反应的物料，不宜采用水蒸气或热水加热。

⑥ 采用充油夹套加热时，需将加热炉门与反应设备用砖墙隔绝，或将加热炉设于车间外面。油循环系统应严格密闭，严禁热油泄漏。

⑦ 电加热装置如果电感线圈绝缘破坏、受潮、漏电、短路而产生电火花、电弧等，均能引起易燃易爆物质着火或爆炸。

## 4.3 冷却、冷凝

冷却与冷凝被广泛应用于化工生产中。两者的主要区别在于被冷却的物料是否发生相的改变。若发生相变（如气相变为液相）则称为冷凝；否则，只是温度降低而无相变则称为冷却。

在化工生产中，将物料冷却在大气温度以上时，可以用空气或循环水作为冷却介质；冷却温度在 15℃以上，可以用地下水；冷却温度为 0～15℃，可以用冷冻盐水。另外，还可以借助某种沸点较低的介质的蒸发，从需冷却的物料中吸收热量来实现冷却，常用的介质有液氨。此时，物料被冷却的温度可达 −15℃左右。

## 4.3.1　冷却方法

### 4.3.1.1　直接冷却法

直接向所需冷却的物料加入冷水或冰，也可将物料置入敞口槽中或喷洒于空气中，使之自然汽化而达到冷却的目的。

在直接冷却中常用的冷却剂为水。一般采用自来水作为冷却剂，依季节不同其温度在 4～25℃，而地下水温度较低，为 8～15℃。

直接冷却法的缺点是物料被稀释。

### 4.3.1.2　间接冷却法

间接冷却通常是在具有间壁式的换热器（冷却器）中进行的。壁的一边为低温载体，如冷水、盐水、冷冻混合物以及固体二氧化碳等。而壁的另一边为所需冷却的物料。

一般冷却水所达到的冷却效果不能低于 0℃，浓度约 20%的盐水，其冷却效果可达 −15～0℃；

冷冻混合物（以压碎的冰或雪与盐类混合制成），依其成分不同，冷却效果可达 −45～0℃。

间接冷却法在化工生产中使用较为广泛。

## 4.3.2　冷凝、冷却器分类

冷凝、冷却所使用的设备统称为冷凝、冷却器。冷凝、冷却器就其实质而言均属换热器，根据其传热面形式和结构可分为三类。

① 管式冷凝、冷却器：常用的有蛇管式、套管式、列管式等。

② 板式冷凝、冷却器：常用的有夹套式、螺旋式、平板式、翼片式等。

③ 混合式冷却、冷凝设备：包括填充塔、泡沫冷却塔、喷淋式冷却塔等。

## 4.3.3　冷凝、冷却安全技术

① 根据被冷却物料的温度、压力、理化性质以及所要求冷却的工艺条件，正确选用冷却设备和冷却剂。

② 对于腐蚀性物料的冷却，最好选用耐腐蚀的冷却设备。

③ 严格注意冷却设备的密闭性，不允许物料串入冷却剂中，也不允许冷却剂串入被冷却的物料中（特别是酸性气体）。

④ 冷却操作时，冷却剂不能中断，否则会造成积热，引起系统温度、压力骤增，甚至引起爆炸。开车时，应先通冷却介质；停车时，应先停物料系统，后停冷却系统。

⑤ 有些凝固点较高的物料，遇冷易变得黏稠或凝固，在冷却时要注意控制温度，防止物料卡住搅拌器或堵塞设备及管道。

⑥ 开启设备前首先应清除冷凝器中的积液，再打开冷却水，然后通入高温物料。

⑦ 为了保证不凝性可燃气体排空，可充氮保护。

⑧ 检修冷凝、冷却器时，应彻底清洗、置换，切勿带料焊接。

## 4.4 冷冻

在某些化工生产过程中，如水蒸气等气体的液化，某些组分的低温分离，以及某些物品的输送、储藏等，常需将物料降到比水或周围空气更低的温度，这种操作称为冷冻或制冷。

冷冻操作的实质是不断地从低温物体（被冷冻物）中取出热量，并传给高温物体（水或空气），以使被冷冻的物料温度降低。热量由低温物体到高温物体这一传递过程是借助冷冻剂实现的。适当选择冷冻剂及其操作过程，可以获得0℃至接近于绝对零度的任何程度的冷冻。一般来说，冷冻程度与冷冻操作的技术有关，凡冷冻温度在 −100℃以上的称为冷冻；而在 −210～−100℃或更低的温度，则称为深度冷冻。

### 4.4.1 冷冻方法

① 低沸点液体的蒸发。如液氨在 0.2 MPa 压力下蒸发，可以获得 −150℃的低温。

② 冷冻剂于膨胀机中膨胀，气体对外做功，致使内能减少而获取低温。该法主要用于那些难以液化气体（空气、氢等）的液化过程。

③ 利用气体或蒸气在节流时所产生的温度降低而获取低温。

### 4.4.2 冷冻剂

冷冻剂的种类很多，但目前尚无一种理想的冷冻剂能够满足所有的条件。冷冻剂的选择与冷冻机的大小、结构和材质有着密切的关系。

#### 4.4.2.1 冷冻剂的选择原则

冷冻剂的选择一般考虑如下因素：

① 冷冻剂的汽化潜热应尽可能大，以便在固定冷冻能力下，尽量减少冷冻剂的循环量。

② 冷冻剂在蒸发温度下的比容以及与该比容相应的压强均不宜过大，以降低动能的消耗；同时，在冷凝器中与冷凝温度相应的压强亦不宜过大，否则将增加设备

使用费用。

③ 冷冻剂需具有一定的化学稳定性，同时对循环所经过的设备应产生尽可能小的腐蚀破坏作用。此外，还应选择无毒（或刺激性）或低毒的冷冻剂，以免因泄漏而使操作者受到伤害。

④ 冷冻剂最好不燃或不爆。

⑤ 冷冻剂应价廉而易于购得。

#### 4.4.2.2　常用的冷冻剂

目前，常用的冷冻剂有以下几种：

（1）氨

氨在标准状态下沸点为 –33.4℃，冷凝压力不高，它的汽化潜热和单位质量冷冻能力均远超其他冷冻剂，所需氨的循环量小。它的操作压力同其他冷冻剂相比也不高。即使冷却水温较高时，在冷凝器中也不超过 1.6 MPa。而当蒸发器温度低至 –34℃时，其压力也不低于 0.1 MPa。因此，空气不会漏入以致妨碍冷冻机正常操作。

氨几乎不溶于油，但易溶于水，一个体积的水可溶解 700 个体积的氨，所以在氨系统内无冰塞现象。

氨对于铁、铜不起反应，但若氨中含水时，则对铜及铜的合金具有强烈的腐蚀作用。因此，在氨压缩机中不能使用铜及其合金的零件。

氨有强烈的刺激性臭味，空气中超过 30 $mg/m^3$ 浓度时，在此环境中长期作业会对人体产生危害。氨属于易燃易爆物质，其爆炸下限浓度为 15.5%。氨于 130℃开始明显分解，至 890℃时全部分解。

（2）乙烯、丙烯

丙烯的制冷程度与氨接近，但汽化潜热小，危险性较氨大。乙烯的沸点为 –103.7℃，在常压下蒸发即可获得 –100～–70℃的低温，临界温度为 9.5℃。在石油化学工业中，常用乙烯、丙烯作为冷冻剂进行裂解气的深冷分离。乙烯沸点较低，能在高压（30 $kgf/cm^2$）下于较高的温度（–25℃）冷凝，又能在低压（0.272 $kgf/cm^2$）下于较低的温度（–123℃）蒸发。丙烯可于 –47.7℃的低温下蒸发，因此可用丙烯作乙烯的冷冻剂。冷水向丙烯供冷使丙烯冷凝。构成乙烯—丙烯复叠式制冷系统。

但是乙烯、丙烯均属于易燃易爆物质。乙烯爆炸极限为 2.75%～34%，丙烯爆炸极限为 2%～11.1%，若空气中乙烯、丙烯含量达到其爆炸浓度，可发生燃烧爆炸的危险。

乙烯的毒性在于麻醉作用，而丙烯的毒性是乙烯的两倍，麻醉力较强。丙烯浓度为 110 mg/L 时，人吸入 2.5 min 即可引起轻度麻醉。因此，对长期从事此类冷冻操作的工人有害。

### 4.4.3 冷冻安全技术

一般常用的压缩型冷冻机由压缩机、冷凝器、蒸发机与膨胀节流阀四个基本部分组成，冷冻设备所用的压缩机中氨压缩机最为常见。图 4-1 所示为气体压缩机工作原理。

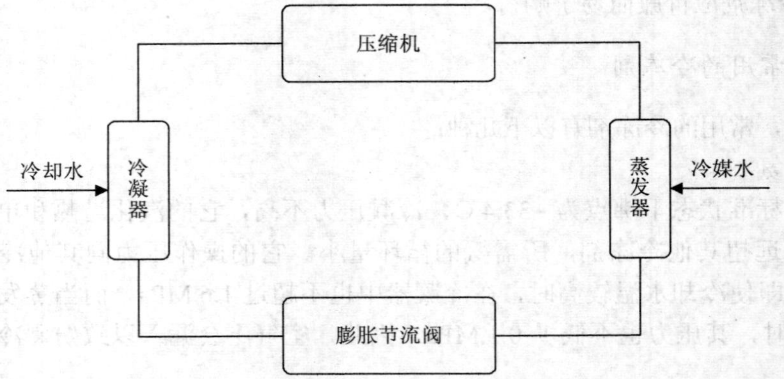


图 4-1 冷冻机工作原理

首先将液氨送入蒸发器，在蒸发器中吸收冷媒水的热量，冷媒水温度下降，产生制冷效应，而液氨汽化为氨气；氨气被压缩机抽去，并压缩成高温高压的氨气；高温高压的氨气送入冷凝器中被冷却水带走热量，冷凝成冷凝器压力下所对应的冷凝温度，使氨气液化成液氨；液氨经过膨胀节流阀降压装置后变成低压的液氨，然后流入蒸发器中汽化。如此便完成了一次制冷循环过程。如果周而复始地工作，便达到了连续制冷的过程。

在使用氨冷冻压缩机时应注意以下事项：

① 采用不产生火花的防爆型电气设备。

② 在压缩机出口方向，应于汽缸与排气阀间设一个能使氨通至吸入管的安全装置，以防压力超高。为避免管路爆裂，在旁通管路上不装阻气设施。

③ 易污染空气的油分离器应装于室外。采用低温不冻结且不与氨发生化学反应的润滑油。

④ 制冷系统压缩机、冷凝器、蒸发器以及管路系统，应注意其耐压程度和气密性，防止设备、管路产生裂纹和发生泄漏，同时要加强安全阀、压力表等安全装置的检查、维护。

⑤ 制冷系统因发生事故或停电而紧急停车时，应注意被冷冻的物料的排空处理。

⑥ 装有冷冻物料的设备及容器，应注意其耐低温性，防止金属因低温脆性而断裂。

## 4.5 熔融

在化工生产中，往往需将某些固体物料（如氢氧化钠、氢氧化钾等）熔融之后进行化学反应。

### 4.5.1 熔融主要危险性

熔融的主要危险性来源于被熔融物料的化学性质、熔融时的黏稠程度、熔融中副产物的生成、熔融设备、加热方式、被熔物料的破碎等方面。

### 4.5.2 熔融安全技术

（1）熔融物料的危险性质

被熔融的固体物料本身的危险特性对安全操作有很大影响。熔融物若与皮肤接触，会造成难以剥离的严重烫伤。如碱熔过程中的碱，它可使蛋白质变为胶状碱蛋白的化合物，又可使脂肪变为胶状皂化物质。所以碱比酸具有更强的渗透能力，且深入组织较快，因此碱灼伤要比酸灼伤更为严重。

在固碱粉碎、熔融过程中，碱屑或碱液飞溅至眼部极具危险性，不仅使眼角膜、结膜立即坏死糜烂，还同时向深部渗入损坏眼球内部，致使视力严重减退、失明或眼球萎缩。

（2）熔融物质的纯度

在碱熔过程中，碱和磺酸盐的纯度是该过程中影响安全的重要因素之一。假如碱和磺酸盐中含有无机盐杂质，应尽量除去。否则，若无机盐杂质不熔融且呈块状残留于反应物内，块状杂质的存在会妨碍反应物质的混合，并能使无机盐块状残留处局部过热、烧焦，致使熔融物喷出烧伤操作人员。因此必须经常消除锅垢。

（3）反应物质的流动性

反应物质流动性越大，熔融过程就越安全。为使熔融物具有较大的流动性，可用水将碱适当稀释。当氢氧化钠或氢氧化钾中有水存在时，其熔点就显著降低，从而使熔融过程可以在危险性较小的低温下进行。

煤油稀释沥青时，必须注意在煤油的自燃点以下进行操作，以免发生火灾。

（4）防止溢料事故

熔融操作时，加料量应适宜，承装量不超过设备容量的 2/3，在熔融设备的台子上设置防溢装置，防止物料溢出与明火接触发生火灾。

（5）适宜的加热方式和加热温度

熔融过程一般在 150～350℃条件下进行。通常采用烟道气加热，或者油浴及金属浴加热。若使用煤气加热，应注意煤气泄漏引起的爆炸或中毒。加热温度必须在被熔融物料的自燃点以下。

（6）熔融设备

常用的熔融设备有两种，常压操作时使用铸铁设备，加压操作时使用钢制设备。对于加压熔融的操作设备，应安装压力表、安全阀和排放装置。

（7）熔融过程的搅拌

搅拌以达到加热均匀的作用，以防局部过热。

对液体熔融物可用桨式搅拌。对于非常黏稠的糊状熔融物，则可采用锚式搅拌。

### 4.5.3 案例分析

（1）事故经过

某年 8 月 19 日 20:10 左右，位于山东省滨州市邹平县境内的山东魏桥创业集团下属的铝母线铸造分厂发生铝液外溢爆炸重大事故，造成 16 人死亡、59 人受伤（其中 13 人重伤），初步估算事故造成直接经济损失 665 万元。这起事故是多年来有色行业铝液外溢爆炸造成的罕见重大伤亡事故，经济损失惨重，社会负面影响较大，教训十分深刻。

（2）事故原因

8 月 19 日 16:00 山东魏桥创业集团所属铝母线铸造分厂生产乙班接班组织生产，当班在岗人员 27 人，因铝母线铸造机的结晶器漏铝，岗位工人堵住混合炉炉眼后停止铸造工作。19:45 左右，混合炉的炉眼出现跑铝，铝液溢出流槽流到地面，并有部分铝液流回水坑内，熔融铝液与水发生反应形成大量水蒸气，体积急剧膨胀，能量大量聚集无法释放发生剧烈爆炸。

事故发生后，现场的应急处置存在不当。当班人员发现漏铝后，20 min 左右仍未处理好，当班人员不但未撤离，反而更多人员涌入现场，这也是导致事故伤亡扩大的重要原因。

## 4.6 蒸发

蒸发是借加热作用使溶液中所含的溶剂不断汽化并被除去，以提高溶液中溶质浓度，或使溶质析出，即使挥发性溶剂与不挥发性溶质分离的物理操作过程。如制糖工业中蔗糖水、甜菜水的浓缩，氯碱工业中的碱液提浓以及海水淡化等，都采用了蒸发的办法。

按蒸发操作压力可分为常压蒸发、加压蒸发、减压蒸发（真空蒸发）。按蒸发所需热量的利用次数可分为单效蒸发和多效蒸发。

### 4.6.1　蒸发的特点

① 蒸发的目的是使溶剂汽化，因此被蒸发的溶液应由挥发性的溶剂和不挥发性的溶质组成。整个蒸发过程中溶质的质量是不变的。

② 溶剂的汽化可分别在低于沸点和沸点下进行。在低于沸点时进行，称为自然蒸发。如海水制盐用太阳晒，此时溶剂的汽化只能在溶液的表面进行，蒸发速率缓慢，生产效率较低。若溶剂的汽化在沸点温度下进行，称为沸腾蒸发，溶剂不仅在溶液的表面汽化，而且在溶液内部的各个部分同时汽化，蒸发速率大大提高。

③ 蒸发操作是由传热和传质同时进行的过程，蒸发的速率取决于过程中较慢进行的那一过程的速率，即热量传递速率，因此工程上通常把它归纳为传热过程。

④ 由于溶液中溶质的存在，在溶质汽化过程中溶质易在加热表面析出而形成污垢，影响传热效果。当该溶质是热敏性物质时，还有可能因此而分解变质。

⑤ 蒸发操作需在蒸发器中进行。沸腾时，由于液沫的夹带而可能造成物料的损失，因此蒸发器在结构上与一般加热器是不同的。

⑥ 蒸发操作中要汽化大量溶剂，需要消耗大量的热能，因此，蒸发操作的节能问题将比一般传热过程更为突出。目前工业上常用水蒸气作为加热的热源，而被蒸发的物料大多为水溶液，汽化出来的蒸汽仍然是水蒸气，通常将用来加热的蒸汽称为一次蒸汽，将从蒸发器中蒸发出的蒸汽称为二次蒸汽。充分利用二次蒸汽是蒸发操作中节能的主要途径。

### 4.6.2　蒸发器分类

蒸发所需设备称作蒸发器，一般由加热室和蒸发室两部分组成。根据蒸发器的动力不同，可分为自然循环蒸发器和强制循环蒸发器。

① 溶液在设备内的循环是在加热情况下，由于各部分溶液比重的不一致，以及蒸汽流在运动过程中带动液体运动，使溶液得以循环的蒸发器称为自然循环蒸发器。

② 在处理高黏度、易结垢或易结晶的溶液时，溶液在设备内的循环主要是依靠外界加入动力所形成的强制运动，这种蒸发器称为强制循环蒸发器。

### 4.6.3　蒸发操作注意事项

蒸发操作的最终目的是将溶液中大量的水分蒸发出来，使溶液得到浓缩，而要提高蒸发器在单位时间内蒸出的水分，在操作过程中应做到以下几方面。

① 合理选择蒸发器。蒸发器的选择应考虑蒸发溶液的性质，如溶液的黏度、发泡性、腐蚀性、热敏性，以及是否容易结垢、结晶等情况。如热敏性的物料在蒸发时，由于物料所可承受的温度有一定极限，因此应尽量降低溶液在蒸发器中的沸点，缩短物料在蒸发器中的滞留时间，常选择膜式蒸发器。对于腐蚀性溶液的蒸发，蒸

发器的材料应耐腐蚀。

② 提高蒸汽压力。为了提高蒸发器的生产能力，提高加热蒸汽的压力和降低冷凝器中二次蒸汽压力，有助于提高传热温度差。因为加热蒸汽的压力提高，饱和蒸汽的温度也相应提高；冷凝器中的二次蒸汽压力降低，蒸发室的压力变低，溶液沸点温度也就降低。因此在同样的温度下，单位时间内蒸发出的水分可增加。

③ 提高传热系数 $K$。提高蒸发器蒸发能力的主要途径是提高传热系数 $K$。通常情况下，管壁热阻很小，可忽略不计。加热蒸汽膜系数一般很大，若在蒸汽中含有少量不凝性气体，加热蒸汽冷凝膜系数会下降。据研究测试，蒸汽中含有 1%的不凝性气体，传热总系数会下降 60%，所以在操作中，须及时排除不凝性气体。

在蒸发操作中，管内壁结垢现象是不可避免的，尤其当处理易结晶和腐蚀性物料时，此时传热总系数 $K$ 变小，使传热量下降。在这些蒸发操作中，一方面应定期停车清洗、除垢；另一方面应积极改进蒸发器的结构，如把蒸发器的加热管加工光滑些，使污垢不易生成，即使生成也易清洗，这就可以提高溶液循环的速度，从而降低污垢生成的速度。

对于不易结垢、不易结晶的物料蒸发，影响传热总系数 $K$ 的主要因素是管内溶液沸腾的传热膜系数。在此类蒸发中，应提高溶液的循环速度和湍动程度，从而提高蒸发器的蒸发能力。

④ 提高传热量。提高蒸发器的传热量，必须增加它的传热面积。在操作中，必须密切注意蒸发器内液面的高低。液面过高，加热管下部所受静压强过大，溶液不易达到沸腾温度。

## 4.7 结晶

一定温度下，固体溶质与溶液接触时，如溶液尚未饱和，则溶质溶解，当溶解过程进行到溶液恰好达到饱和，固体溶质与溶液互相处于相平衡状态，此时溶液称为饱和溶液，其浓度即是在此温度条件下该物质的溶解度（平衡浓度）；若溶液浓度超过了可以溶解的极限，即溶液中所含溶质的量超过该物质在此温度条件下的溶解度，超过溶解度的那部分过量物质会从溶液中结晶析出。

结晶是固体物质以晶体状态从蒸汽、溶液或熔融物中析出的过程。在化学工业中，常遇到的情况是固体物质从溶液及熔融物中结晶出来，如糖、食盐及其他盐类、染料及其中间体、肥料及药品、味精、蛋白质的分离与提纯等。

结晶是一个重要的化工单元操作，主要用于以下两方面：

① 制备产品与中间产品；

② 获得高纯度的纯净固体物料。

### 4.7.1　结晶的特点

相对于其他化工分离操作，结晶过程有以下特点：

① 纯度高。能从杂质含量相当多的溶液或多组分的熔融混合物中，分离出高纯或超纯的晶体。结晶产品在包装、运输、储存或使用上都较方便。

② 选择性高。对于许多难分离的混合物系，例如同分异构体混合物、共沸物、热敏性物料等，使用其他方法分离时难以奏效，而结晶方法却很适用。

③ 能耗低、设备简单。结晶与精馏、吸收等分离方法相比，能耗低得多，因结晶热一般仅为蒸发潜热的 1/10～1/3。又由于结晶可在较低温度下进行，对设备材质要求较低，操作相对安全。一般无有毒气体或废气逸出，有利于环境保护。

④ 影响因素多。结晶是一个很复杂的分离操作，它是多相、多组分的传热—传质过程，也涉及表面反应过程，也有晶体粒度及粒度分布问题需要考虑，结晶过程和设备种类繁多。

### 4.7.2　结晶的方法

① 冷却结晶：温度降低，溶解度降低。

② 蒸发结晶：溶剂减少，溶质析出。

③ 真空冷却结晶：真空下蒸发，溶剂减少，温度降低，溶解度降低。

④ 盐析结晶：加入盐类降低溶解度。

⑤ 反应沉淀结晶：发生化学反应生成的产物以结晶形式析出。

⑥ 升华结晶：物质发生升华（固态直接变为气态），逆过程骤冷直接凝结成固态结晶。

⑦ 熔融结晶：接近析出物熔点温度时，从熔融液体中析出，如有机物的提纯。

### 4.7.3　结晶安全技术

结晶过程常采用搅拌装置。搅动液体使之发生某种方式的循环流动，从而使物料混合均匀或促使物理过程加速进行。

搅拌的方法有机械搅拌和气流搅拌。搅拌直接影响反应的混合程度和反应速度。搅拌过程需要注意以下安全要点：

① 避免搅拌轴的填料函漏油，因为填料函中的油漏入反应器会发生危险；对于易燃危险物料，不得中途停止搅拌，因为搅拌停止时，物料不能充分混匀，物料反应不良且大量积聚，当搅拌恢复时，大量未反应的物料迅速混合，剧烈反应往往造成冲料，有燃烧爆炸危险。

② 如因故障而导致搅拌停止时，应立即停止加料并迅速冷却；恢复搅拌时，务必待温度平稳、反应正常后方可继续加料，恢复正常操作。

③ 搅拌器应定期维修，严防搅拌器断落造成物料混合不均，导致突然反应而发生猛烈冲料，甚至爆炸起火。搅拌器应灵活，防止卡死引起电动机升温起火。

④ 搅拌器应有足够的机械强度，以防因变形而与反应器壁摩擦造成事故。

## 4.8 蒸馏

物质在相间转移的过程称为物质传递过程（简称传质过程）。化学工业中常见的传质过程有蒸馏、吸收、干燥、萃取和吸附等单元操作。化工生产中常常要将混合物进行分离，以实现产品的提纯回收或原料的精制。对于均相液体混合物，最常用的分离方法是蒸馏。蒸馏过程不仅有加热载体和加热方式的安全问题，又有液相汽化分离及冷凝等过程的相变安全问题，能量的转换和相态的变化同时在系统中存在，另外蒸馏过程又是一种物质被急剧升温浓缩甚至变稠、结焦、固化的过程，因此蒸馏的安全运行就显得十分重要。

蒸馏是借液体混合物各组分挥发度的不同，使其分离为纯组分的操作。对于大多数混合液，各组分的沸点相差越大，其挥发能力相差越大，用蒸馏方法分离则越容易。反之，两组分的挥发能力越接近，则越难用蒸馏方法进行分离。

### 4.8.1 蒸馏的分类

蒸馏操作可分为间歇蒸馏和连续蒸馏。按操作压力可分为常压蒸馏（一般蒸馏，物料在常压下沸点为100℃左右）、减压蒸馏（真空蒸馏，物料在常压下沸点在150℃以上）和加压蒸馏（高压蒸馏，物料在常压下沸点低于30℃）。此外还有特殊蒸馏，如蒸汽蒸馏、萃取蒸馏、恒沸蒸馏和分子蒸馏。

蒸汽蒸馏通常用于在常压下沸点较高，或在沸点时容易分解的物质的蒸馏，也常用于高沸点物与不挥发杂质的分离，但只限于所得到的产品完全不溶于水。

萃取蒸馏与恒沸蒸馏主要用于分离由沸点接近或恒沸的各组分所组成的、难以用普通蒸馏方法分离的混合物。

分子蒸馏是一种相当于绝对真空下进行的一种真空蒸馏。在这种条件下，分子间的相互吸引力减少，物质的挥发度提高，使液体混合物中难以分离的组分容易分开。由于分子蒸馏降低了蒸馏温度，所以可以防止或减少有机物的分解。

用于蒸馏的设备称为蒸馏塔。蒸馏塔按其塔板结构可分为填料塔、筛板塔、浮阀塔，泡罩塔、舌形塔以及管式塔等多种类型。

### 4.8.2　蒸馏安全技术

（1）常压蒸馏

常压蒸馏时必须注意易燃液体的蒸馏不能采用明火作热源，应采用蒸汽或过热水蒸气加热较为安全。

蒸馏腐蚀性液体时，应防止塔壁、塔盘被腐蚀，导致易燃液体或蒸气泄漏，遇明火或灼热的炉壁而燃烧。

蒸馏自燃点很低的液体时，应注意蒸馏系统的密闭，防止因泄漏遇空气而发生自燃。

对于高温的蒸馏系统，应防止冷却水突然进入塔内，从而引起水的迅速汽化，导致塔内压力突然增高，将物料冲出或发生爆炸。故在开车前应将塔内和蒸汽管道内的冷凝水除尽。

在常压蒸馏系统中，应注意防止凝固点较高的物质凝结堵塞管道，导致塔内压力增高而引起爆炸。

蒸馏高沸点物料时，可以采用明火加热，应防止产生自燃点很低的树脂油状物遇空气而自燃。同时应防止蒸干，使残渣转化为结垢，引起局部过热而发生燃烧、爆炸。油焦和残渣应及时清除。

蒸馏时冷凝器中的冷却水或冷冻盐水不能中断供应。否则，未冷凝的易燃蒸气逸出会使系统温度增高，甚至遇明火发生燃烧。

（2）减压蒸馏

减压蒸馏是一种较安全的蒸馏方法。对于沸点较高、在高温下蒸馏时又能引起分解、爆炸或聚合的物质，采用减压蒸馏较为合适。如苯乙烯在高温下易聚合，而硝基甲苯在高温下易分解爆炸，这些物质的蒸馏，必须采用减压蒸馏的方法。

减压蒸馏设备的密闭性是非常重要的。蒸馏设备一旦吸入空气，与塔内易燃气混合形成爆炸性混合物，就有引起爆炸或者着火的风险。因此，减压蒸馏所用的真空泵应安装单向阀，以防止突然停泵而使空气倒入设备。

当易燃易爆物质蒸馏完毕，应在充入氮气后，再停真空泵，以防止空气进入系统，引起燃烧或爆炸。

减压蒸馏应注意操作程序。先打开真空阀门，然后开冷却器阀门，最后打开蒸汽阀门。否则，物料会被吸入真空泵，并引起冲料，使设备受压甚至产生爆炸。减压蒸馏易燃物质的排气管应通至厂房外，管道上要安装阻火器。

（3）加压蒸馏

在加压蒸馏时，气体或蒸气容易泄漏造成燃烧、中毒的事故。因此，设备应严格进行气密性和耐压实验、检查，并应安装安全阀和温度、压力的调节控制装置，严格控制蒸馏温度与压力。在石油产品的蒸馏中，应将安全阀的排气管与火炬系统相连接，安全阀起跳即可将物料排入火炬烧掉。

此外，在蒸馏易燃液体时，应注意系统的静电消除。特别是苯、丙酮、汽油等不易导电液体的蒸馏，更应将蒸馏设备、管道良好接地。室外蒸馏塔应安装可靠的避雷装置。

应对蒸馏设备经常检查、维修，认真做好停车后、开车前的系统清洗、置换工作，避免发生事故。

对易燃易爆物质进行蒸馏的厂房要符合防爆要求，有足够的泄压面积，室内电机、照明等电气设备均应采用防爆产品。

### 4.8.3 案例分析

某助剂厂酒精蒸馏釜因超压发生爆炸，造成 4 人死亡、3 人重伤。

该厂某车间酒精蒸馏的工艺过程，是把生产过程中产生的废酒精（主要是水、酒精和少量氯化苄等的混合液）回收，再用于生产。

（1）事故过程

将母渣（废酒精）储罐中的母液抽至酒精蒸馏釜，关闭真空阀并打开蒸馏釜出料阀，使釜内呈常压状，然后开启蒸汽升温，并将冷凝塔塔下冷却水打开。待釜内母液沸腾时，及时控制进汽量，保持母液处于沸腾状态。蒸馏出的酒精蒸气经冷凝塔凝结为液态经出料阀流出。通过釜上的视镜看母液下降的位置是否趋于蒸完。

酒精蒸馏釜容积为 20 000 L，夹套加热工作压力为 0.25 MPa（额定压力为 0.6 MPa），事故前夹套蒸汽压力估算为 0.5 MPa。酒精蒸馏釜釜体与釜盖由 46 个橄榄螺栓连接，其破坏强度为 $1.38\times10^6$～$20.3\times10^6$ N。当时釜内有约 1 $m^3$ 酒精，夹套蒸汽压力达 0.5 MPa、釜内酒精蒸气作用力为 $172\times10^6$ N 时，便可把釜盖炸开（经核实，发生事故时，当班锅炉送汽压力为 0.85 MPa）。

（2）事故原因

酒精蒸馏釜出料阀没有开启是造成这起事故的直接原因。由于出料阀未打开，当开通蒸汽升温后酒精蒸发，使蒸馏釜从常压状态变为受压状态。当釜内酒精蒸气压力超过釜盖螺栓的密封力时，将釜盖冲开，大量酒精蒸气冲出后与空气迅速混合，形成爆炸混合物，遇火源瞬间发生化学爆炸。

## 4.9 萃取

萃取操作是分离液体混合物的常用单元操作之一，在石油化工、精细化工、原子能化工等方面被广泛应用。萃取是利用各种物质在适当溶剂中溶解度的差别来分离混合物的单元操作。萃取可分为固液萃取和液液萃取。

液液萃取也称溶剂萃取，它是指在欲分离的液体混合物中加入一种适宜的溶剂，使其形成两液相系统，利用液体混合物中各组分系数差异的性质，易溶组分较多地进入溶剂相从而实现混合液的分离。在萃取过程中，所用的溶剂称为萃取剂，混合液体为原料，原料液中欲分离的组分称为溶质，其余组分称为稀释剂。萃取操作中所得到的溶液称为萃取相，其成分主要是萃取剂和溶质，剩余的溶液称为萃余相。其成分主要是稀释剂，还含有残余的溶质等组分。

固液萃取也叫浸取，是利用有机或无机溶剂将固体原料中的可溶性组分溶解，使其进入液相，再将不溶性固体与溶液分开的单元操作，其实质是溶质由固相传递至液相的传质过程。如用水浸取甜菜中的糖类和用酒精浸取黄豆中的豆油以提高油产量等。

## 4.9.1　萃取的适用范围

萃取过程本身并未完全完成分离任务，而只是将难以分离的混合物转变成易于分离的混合物，要得到纯产品并回收溶剂，必须辅以精馏（或蒸发）等操作。

萃取操作一般用于：

① 混合液中各组分的沸点很接近或形成恒沸混合物，用一般精馏方法不经济或不能分离。

② 混合液中含热敏性物质，受热易分解、聚合或发生其他化学变化。

③ 混合液中需分离的组分浓度很低，采用精馏方法须将大量的稀释剂汽化，能耗太大。

## 4.9.2　萃取剂的选择原则

（1）萃取剂的选择性

所采取的萃取剂，必须对原溶液中欲萃取出来的溶质有显著的溶解能力，而对其他组分（稀释剂）应不溶或少溶，即萃取剂应有较好的选择性。

（2）萃取剂的物理性质

密度应利于较快地分层；界面张力应适中，液滴容易聚结，利于两相分离；黏度低，利于混合与分层。

（3）萃取剂的化学性质

须有良好的化学稳定性，不易分解、聚合，并应有足够的热稳定性和抗氧化稳定性，对设备的腐蚀性要小。

（4）萃取剂回收的难易

萃取相和萃余相中的萃取剂回收后重复使用，以减少溶剂的消耗量。回收费用取决于回收萃取剂的难易程度。

（5）萃取剂的安全问题

萃取剂是否有毒以及是否易燃、易爆等，均为选择萃取剂时需要特别考虑的问题，并应设计相应的安全措施。

### 4.9.3 萃取设备

萃取设备有筛板萃取塔、混合澄清器、填料萃取塔等。

筛板萃取塔塔底引入轻相（分散相）经筛孔分散后，在重相（连续相）中上升，到上一层筛板下部聚成一层轻液，再分散，再聚集。分散的过程即萃取传质过程。塔顶和塔底分别得到萃取相和萃余相。筛板萃取塔由于其处理量大、结构简单、造价低廉而被广泛应用于化工生产过程中。

混合澄清器由两个彼此相连的容器，即混合器和澄清器组成。在分批间歇操作时，混合器和澄清器是同一个设备。混合时开动槽中的搅拌器，混合操作完成后停止搅拌，料液靠本身的密度差而分层，澄清后可分别排放出萃取相与萃余相。工业上常采用多级连续操作的混合澄清装置。

填料萃取塔的结构与精馏和吸收所用的填料塔基本相同。塔内装有适宜的填料，轻相由底部进入，顶部排出；重相由顶部进入，底部排出。

萃取操作时，连续相充满整个塔中，分散相由分布器分散成液滴进入填料层，在与连续相逆流接触中进行传质。填料层的作用除可以使液滴不断发生凝聚与再分散，以促进液滴的表面更新外，还可以减少轴向返混。填料萃取塔结构简单，操作方便，适合于处理腐蚀性料液，缺点是传质效率低。一般用于所需理论级数较少（如3个萃取理论级）的场合。

### 4.9.4 萃取的危险性

① 单级萃取过程特别应该注意产生的静电积累。因为含相的混合、分离以及泵输送等操作，消除静电的措施极其重要。

② 萃取过程常有易燃的稀释剂或萃取剂的使用。

③ 对于放射性化学物质的处理，可采用无需机械密封的脉冲塔。

④ 溶剂的回收一般采用蒸发或蒸馏操作，所以萃取全过程包含这些操作所具有的危险。

### 4.9.5 萃取安全技术

对于萃取过程，选择适当的萃取设备是十分重要的。

① 对于腐蚀性强的物质，宜选取结构简单的填料塔，或采用由耐腐蚀金属或非金属材料如塑料、玻璃钢作为内衬或内涂的萃取设备。对于放射性系统，应用较广的是脉冲塔。如果物系有固体悬浮物存在，为避免设备堵塞，可选用转盘塔或混合

澄清器。

② 对某一萃取过程，当所需的理论级数为 2～3 级时，各种萃取设备均可选用；当所需的理论级数为 4～5 级时，一般可选择转盘塔、往复振动筛板塔和脉冲塔；当需要的理论级数更多时，一般只能采用混合澄清器。

③ 根据生产任务和要求，如果处理量较小时，可用填料塔、脉冲塔；如果处理量较大时，可选用筛板塔、转盘塔以及混合澄清器。

④ 在选择设备时还要考虑物质的稳定性与停留时间。若萃取物系中伴有慢的化学反应，要求有足够的停留时间，选用混合澄清器较为合适。

另外，萃取塔的正确操作也是安全生产的重要环节。

### 4.9.6　案例分析

某年 11 月，由于生产车间因真空抽料产生静电引起燃爆某员工受到惊吓，从二楼操作平台（约 4.5 m）处垂直摔至地面，因头部着地，造成重伤昏迷，而后死亡。该产品的生产工艺中将甲苯抽至离心器萃取，甲苯经蒸馏后反复使用，由于真空抽取甲苯采用的吸料管是软塑管，没有防静电措施，真空抽取时可随意移动，离开液面时加快料液的流速，产生静电积聚。釜内的甲苯气体与空气混合达到燃爆极限，致使釜内气体燃爆。

（1）事故原因

吸料管产生静电使反应釜中甲苯燃爆冲击，致使操作工受惊而从二楼操作平台处垂直摔至地面，因头部着地，造成重伤昏迷，而后死亡。

（2）存在的问题

① 工艺过程中没有正确选用可靠的加料方法，也没有采取防止发生爆炸、火灾等伤害事故的防静电接地措施。

② 操作工虽然经进厂后的短期培训，但由于入厂时间短，缺乏应对突发事故的临场处置经验，面对异常情况出现恐慌。

③ 防护设施不规范。该公司在二楼操作平台上均设置了护栏，但护栏高度不够，没有达到应有的防护作用。

## 4.10　吸收

化工生产中所处理的原料、中间产品、粗产品等几乎都是混合物，而大部分是均匀物系。为进一步加工和使用，常需要将这些混合物分离为纯净或几乎纯态的物质。

利用混合气体中各组分在某液体溶剂中的溶解度的差异而分离气体混合物的单

元操作称为吸收。吸收操作时某些易溶组分进入液相形成溶液，不溶或难溶组分仍留在气相，从而实现混合气体的分离。气体吸收是混合气体中某些组分在气液相界面上溶解、在气相和液相内由浓度差推动的传质过程。

气体吸收是用一种适当液体与气体混合物直接接触，使其中一种或多种组分溶解于液体中，而使气体混合物得以分离的操作。吸收进行的依据是利用气体混合物中各组分在液体中溶解度的差异。

吸收和蒸馏都是传质过程，但吸收是低温传质，且温度远低于沸点。逆流吸收过程如图 4-2 所示。

吸收质或溶质：混合气体中的溶解组分，用 A 表示。

惰性气体或载体：不溶或难溶组分，用 B 表示。

吸收剂：吸收操作中所用的溶剂，用 S 表示。

吸收液：吸收操作后得到的溶液，主要成分为溶剂 S 和溶质 A。

吸收尾气：吸收后排出的气体，主要成分为惰性气体 B 和少量的溶质 A。吸收过程在吸收塔中进行。

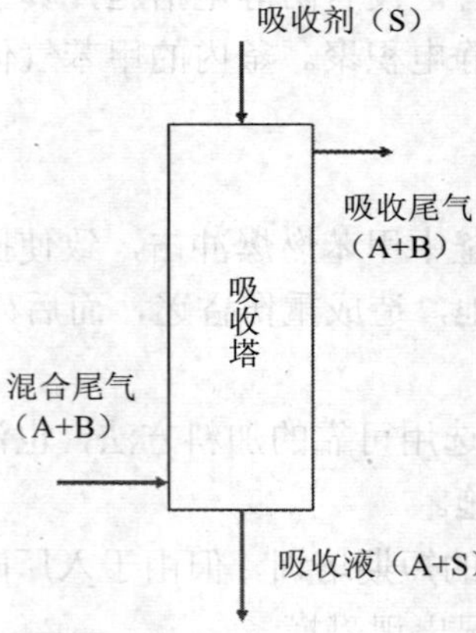


图 4-2 逆流吸收

## 4.10.1 吸收的用途

① 回收气体。如从合成氨厂的放空气体中用水回收氨；从焦炉煤气中用洗油回收粗苯（含甲苯、二甲苯等）蒸气和从某些干燥废气中回收有机溶剂蒸气等。

② 除去有害组分以净化气体。如从合成氨所用的原料气中分离出 $CO_2$、CO、$H_2S$ 等杂质。

③ 制备某种气体的溶液。如用水分别吸收混合气体中的 HCl、$SO_3$ 和 $NO_2$ 制取盐酸、硫酸和硝酸。

④ 工业有害气体的处理。生产过程中排放的废气往往含有对人体和环境有害的物质，如 $SO_2$、$H_2S$ 等。环境保护已越来越受到重视，选择适当的工艺和溶剂进行吸收是废气治理中应用较广的方法。

### 4.10.2　吸收的分类

① 按溶质与溶剂是否发生显著的化学反应，可分为物理吸收和化学吸收。如水吸收二氧化碳、用洗油吸收芳烃均属于物理吸收；用硫酸吸收氨及用碱液吸收二氧化碳属于化学吸收。

② 按吸收组分的不同，分为单组分吸收和多组分吸收。

③ 按吸收体系（主要是液相）的温度是否显著变化，分为等温吸收和非等温吸收。

### 4.10.3　吸收剂的选择原则

选择合适的溶剂所应具备的条件：

① 对被吸收的组分要有较大的溶解度，且有较好的选择性，即对溶质的溶解度要大，而对惰性气体几乎不溶解。

② 要有较低的蒸气压，以减少吸收过程中溶剂的挥发损失。

③ 黏度要低，以利于传质及输送；不易燃，以利于安全生产。

④ 腐蚀性要小，以减小对设备的腐蚀并减少维修费。

⑤ 要有较好的化学稳定性，以免使用过程中变质。

⑥ 吸收后的溶剂应易于回收净化再利用。

实际上，很难找到一种能同时满足以上所有要求的溶剂，因此，应对可供选用的溶剂进行经济评价后做出合理的选择。

### 4.10.4　吸收设备

最常用于吸收的设备是填料塔、喷雾塔或筛板塔，气体与溶剂在塔内逆流接触进行吸收操作。吸收塔的主要作用是为气液两相提供充分接触表面，使两相间的传质与传热过程能够充分有效地进行，并能使接触之后的气流两相及时分开，互不夹带。

通常要求吸收塔具备生产能力大、分离效率高、操作稳定、结构简单等特点。

吸收塔中所用填料在选择时，有如下原则：

① 有较大的比表面积。比表面积越大，提供的气液传质面积越大，对吸收越有利，此外要求填料有良好的润湿性能及有利于液体均匀分布的形状。

② 有较高的空隙率。单位体积填料孔具有的空隙体积称为空隙率。空隙率较高时，气体阻力小，气体通过的能力大，气液两相接触的机会多，对吸收有利。

③ 具有适宜的填料尺寸和堆积密度。单位体积填料的质量为填料的堆积密度。填料尺寸小，堆积的填料数目多，比表面积大，空隙率小，则气体流动阻力大；填料尺寸过大，则填料与塔壁的空隙大，易造成气体由此短路或液体沿壁下流，使气液两相截面分布不均匀，因此，填料尺寸通常不应大于塔径的 1/10。

④ 有足够的机械强度。

⑤ 对于液体和气体均需具有化学稳定性。

### 4.10.5 影响吸收的因素

① 气流速度：气流速度小，气体湍动不充分，不利于吸收，气流速度过大，气液接触效率下降，不利于吸收。

② 喷淋密度：单位截面积上所接受的液体喷淋量，过大或过小都不利于吸收。

③ 温度：降低温度可增大气体在液体中的溶解度，因此，对于放热量大的吸收过程，应采取冷却措施。

④ 压力：增加吸收系统的压力，有利于吸收，但不能过大。

⑤ 吸收剂的纯度：降低吸收剂中溶质的浓度，可以增加吸收效率。

### 4.10.6 吸收危险性及安全要求

气体吸收过程中要使用不同特性、危险性大的有机溶剂。溶剂在高速流动过程中不仅存在大量汽化扩散的危险，而且还会产生大量静电，存在静电火花的危险。为了安全操作，必须做到以下几方面。

① 控制溶剂的组成和流量，如洗涤酸气溶液时采用碱性溶剂；如果吸收剂是用来排除气流中的毒性气体，而不是向大气排放，如用碱溶液洗涤氯气，用水排除氨气时，液流的失控会造成严重事故。

② 在设计限度内控制入口气流，检测其组成。

③ 控制出口气的组成。

④ 适当选择适于与溶质和溶剂的混合物接触的材料。

⑤ 在进口气流速、组成、温度和压力的设计条件下操作。

⑥ 避免潮气转移至出口气流中，如应用严密筛网或填充床除雾器等。

⑦ 将设备良好接地，防止产生的静电火花引起火灾爆炸等。

一旦出现控制变量不正常的情况，应能自动启动报警装置。控制仪表和操作程序应能防止气相中溶质载荷的突增以及液体流速的波动。

### 4.10.7 解吸过程

解吸又称脱吸，是脱除吸收剂中被吸收的溶质，而使溶质从液相逸出到气相的过程。解吸是为了获得所需较纯净的气体溶质，或者使溶剂得以净化再利用，返回吸收塔循环使用，经济上更合理。

解吸的方法有以下几种：

① 加热解吸。解吸溶液升温，减小溶质的溶解度，则会有部分溶质从液相中释放出来，从而有利于溶质与溶剂的分离。

② 减压解吸。将原来处于较高压力的溶液进行减压，则总压降低后溶质的压力也相应降低，溶质从吸收液中释放出来。

③ 在惰性气体中解吸。将溶液加热后送至解吸塔顶使其与底部通入的惰性气体或水蒸气进行逆流接触，有利于解吸进行。

④ 精馏解吸通过精馏的方法将溶剂和溶质分开，既达到回收溶质，又得到新鲜的吸收液循环使用的目的。

## 4.11　过滤

在化工生产中，将悬浮液中的液体与固体微粒分离，通常采用过滤的方法。过滤是指对含固体微粒的液体混合物或气体混合物，借助重力、真空、加压及离心力的作用，将固体悬浮颗粒截留，使之从混合物中分离的单元操作。一个完整的过滤操作过程由悬浮液的过滤、滤饼洗涤、滤饼干燥和卸料 4 步组成。过滤原理如图 4-3 所示。

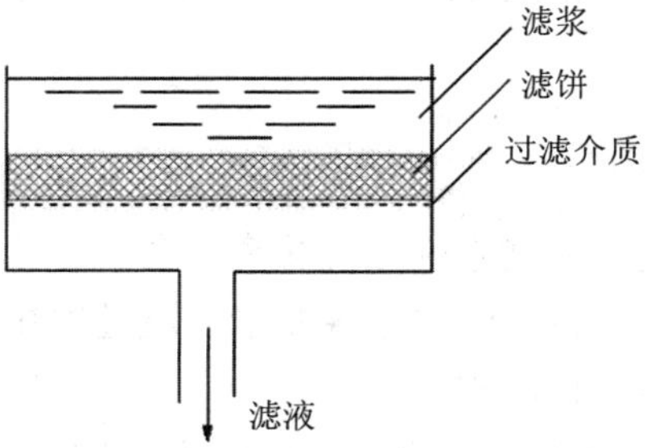


图4-3　过滤原理

### 4.11.1　过滤的分类

按操作方法，过滤可分为间歇过滤和连续过滤。连续过滤较间歇过滤安全，连续过滤机循环周期短，能自动洗涤卸料，过滤速度较高，且操作人员可最大限度地避免与有毒物料接触。间歇过滤机需要经常重复卸料、装合、加料等各项辅助操作，较连续过滤周期长，人工操作劳动强度大，且直接接触毒物。

按推动力可分为重力过滤、加压过滤、真空过滤和离心过滤。

① 重力过滤是依靠悬浮液本身的压差进行过滤。速度不快，一般仅用于处理固体含量少而易于过滤的悬浮液。

② 加压过滤是在悬浮液上面施加压力进行过滤。可提高推动力，但对设备的强度和严密性有较高的要求，其所加压力受过滤布强度、滤饼可压缩性以及对滤液清洁度要求程度的限制。

③ 真空过滤是在过滤介质下面抽真空进行过滤。其推动力较重力过滤强，能适应很多过滤过程的要求，但它需要配置一套抽真空装置。

④ 离心过滤是借悬浮液高速旋转所产生的离心力进行过滤。其效率高、占地面积小，因而在生产中得到广泛应用。

工业上常用的过滤介质包括三类：

① 粒状介质。如细砂、石砾、玻璃碴等。

② 织物介质。这类介质由金属或非金属丝织成，金属材料可用不锈钢、镍、黄铜及蒙氏合金等，它适于盐、酸及粗油等的过滤。非金属滤布可用天然或人造纤维织成，常用的材料有棉、麻及各种人造纤维等。

③ 多孔性固体介质，如多孔陶瓷、多孔玻璃、多孔塑料等。这些介质多做成板状，孔隙很小，耐腐蚀性较好，常用于过滤含有少量微粒的悬浮液的间歇过滤设备。

## 4.11.2 过滤设备

常用的过滤设备包括板框式压滤机、转筒真空过滤机、离心过滤机、袋滤器（即布袋除尘）等。

### 4.11.2.1 板框式压滤机

板框式压滤机是一种间歇性固液分离设备，是由滤板、滤框排列构成滤室，在输料泵的压力作用下，将料液送进各滤室，通过过滤介质将固体和液体分离。

板框式压滤机的工作流程：

① 压紧滤板：压紧油缸（或者其他压紧机构），使动板向定板方向移动，把两者之间的滤板压紧，在相邻的滤板间构成封闭的滤室。

② 压滤：给料泵（隔膜泵）将矿浆输送到滤室里，充满后，压滤开始，借助压力泵或压缩空气的压力，进行固液分离。

③ 松开滤板：利用拉开装置将滤板按设定的方式、设定的次序拉开。

④ 滤板卸料：拉开装置相继拉开滤板后，滤饼借助自重脱落，由下部的运输机运走。

完成上述 4 个步骤，就完成了压滤机的一个工作循环。

#### 4.11.2.2　转筒真空过滤机

转筒真空过滤机（扫描目录下二维码获得高清图 47）是指利用真空抽吸作用并在圆筒旋转过程中连续完成整个过滤操作的设备，又称真空回转过滤机。转筒外壁开有小孔并包有滤布，转筒内部被分隔成若干个彼此不相通的扇形格，它们通过空心轴上的孔道与分配头相连，并在圆筒旋转时轮流与真空管路及压缩空气管路连通。

优点：

① 适用性较广，可用于处理各种不同的悬浮液。

② 可用塑料等耐腐蚀材料制造。

③ 生产连续，管理简单。

缺点：

① 过滤面积不大，构造较复杂，成本较高。

② 滤饼的干燥和充分的洗涤较困难。

③ 滤液和洗涤水难以分别排出，即难以得到未经稀释的滤液。

④ 不适用于滤饼阻力较大的膏状悬浮液。

#### 4.11.2.3　离心过滤机

离心过滤机安全要求：

① 转鼓、盖子、外壳及底座应用韧性金属制造。

② 处理腐蚀性物料，转鼓需要衬里。

③ 盖子应与启动联锁。

④ 应有限速装置。

⑤ 离心机开关应装在近旁。

⑥ 放置在楼上的离心机要有减振装置，防止谐振。

⑦ 应对离心机内、外部及负荷进行定期检查。

#### 4.11.2.4　袋滤器

优点：能除去 1μm 以下的微尘，除尘效率高。

缺点：投资费用高，清灰麻烦。

### 4.11.3　过滤的危险性

主要危险来自所处理物料的危险特性，悬浮液中有机溶剂的易燃易爆特性或挥发性、气体的毒害性或爆炸性、有机过氧化物滤饼的不稳定性等。

### 4.11.4 过滤过程安全技术

① 当加压过滤过程中能散发有害或爆炸性气体时，不能采用敞开式过滤机，要采用密闭式过滤机，并且用压缩空气或惰性气体保持压力，在取滤渣时，应先释放压力，否则会发生事故。

② 离心过滤应注意其选材和焊接质量，并且应限制其转鼓直径与转速，以防止转鼓承受高压而引起爆炸。因此，在有爆炸危险的生产中，最好不使用离心过滤机，而采用真空过滤机，在取滤渣时应先释放压力，否则会发生事故。

③ 离心式过滤机超负荷运转、时间过长，转鼓磨损或腐蚀、启动速度过高均有可能发生事故。对于上悬式离心机，当负荷不均匀时运转会发生剧烈振动，不仅磨损轴承，而且使转鼓撞击外壳，高速运转的转鼓可能会撞击外壳并飞出，造成重大事故。当离心机无盖或防护装置不良时，若工具或其他杂物落入其中，则会高速飞出而伤人。即使杂物留在转鼓边缘，也很可能引起转鼓振动造成危险。离心机应装有限速装置，在有爆炸危险厂房中，其限速装置不得因摩擦、撞击而发热或产生火花，同时注意不要选择临界速度操作。

④ 不停车或未停稳而清理器壁，铲勺会被带飞，使人受伤。在开、停离心机时，不能用手触碰，以防发生事故。

⑤ 当处理具有腐蚀性物料时，不应使用铜质转鼓，而应采用钢质衬铅或衬硬橡胶的转鼓。应经常检查衬里有无裂缝，以防腐蚀性物料由裂缝腐蚀转鼓。镀锌、陶瓷或铝制转鼓，只能在速度较慢、负荷较低的情况下使用，为了安全，还应有特殊的外壳保护。此外，操作过程中加料不匀，也会导致剧烈振动，应引起注意。

### 4.11.5 案例分析

某年 5 月 30 日，黑龙江省某化工厂发生一起氧气压缩机（简称氧压机）过滤器爆炸事故，过滤器烧毁，仪表、控制电缆全部烧坏，迫使氧压机停车 1 个月。

（1）事故经过

5 月 30 日某时，操作人员突然听到一声巨响，并伴有大量浓烟从氧压机防爆间内冒出。操作工立即关停氧压机并关闭入口阀和出口阀，灭火系统自动向氧压机喷氮气，消防人员立刻赶到现场对爆炸引燃的仪表、控制电缆进行灭火，防止了事故进一步扩大。事后对氧压机进行检查发现，中间冷却器过滤器被烧毁，并引燃了仪表、控制电缆。

（2）事故原因

从现场检查发现，被烧毁的过滤器外壳呈颗粒状，系燃烧引起的爆炸，属化学爆炸。经分析最后确定为铁锈和焊渣在氧气管道中受氧气气流冲刷，积聚在中间冷却器过滤网处，反复摩擦产生静电，当电荷积聚至一定量时发生火花放电，引燃了过滤器发生了爆炸。

燃烧具备 3 个条件，即可燃物、助燃物、引燃能量。铁锈和焊渣即可燃物，而铁锈和焊渣的来源是设备停置时间过长，没有采取有效保护措施而产生锈蚀，安装后没有对设备彻底清除焊渣。能量来源是铁锈和焊渣随氧气高速流动时产生静电，静电电位可高达数万伏。当铁锈和焊渣随氧气流到过滤器时被滞留下来，铁锈和焊渣越积越多，静电能也随之增大。铁锈的燃点和最小引燃能量均较低。如铁锈粉尘的平均粒径为 100～150 μm 时，燃点温度为 240～439℃，较金属本身的熔点低很多，当发生火花放电且氧浓度高时，就会发生燃烧爆炸。

## 4.12　干燥

化工生产中的固体物料，或多或少含有湿分，为便于加工、使用、运输和储藏，需要将其中的湿分除去。除去湿分的办法有多种，如机械去湿、吸附去湿、加热去湿，其中用加热的办法使固体物料中的湿分汽化并除去的方法称为干燥。

干燥按操作压强可分为常压干燥和减压干燥，其中减压干燥主要用于处理热敏性、易氧化或要求干燥产品中湿分含量很低的物料；按操作方式可分为间歇干燥与连续干燥，间歇干燥用于小批量、多品种或要求干燥时间很长的场合；按干燥介质类别可划分为空气、烟道气或其他介质的干燥；按干燥介质与物料流动方式可分为并流、逆流和错流干燥。

干燥在生产过程中的作用：

① 对原料或中间产品进行干燥，以满足工艺要求。

② 对产品进行干燥，以提高产品中的有效成分，同时满足运输、储藏和使用的需要。如生产尿素的最后一道工序是干燥。

### 4.12.1　干燥的分类

（1）传导干燥

传导干燥是物料和加热介质不直接接触，热量以传导的方式通过固体壁面传给湿物料。此法热能利用率高，但不易控制，物料容易过热变质。如滚筒式干燥器、双滚筒干燥器、真空耙式干燥机等。

（2）对流干燥

热量通过干燥介质（某种热气流）以对流方式传给湿物料。干燥过程中，干燥介质与湿物料直接接触，干燥介质供给湿物料汽化所需要的热量，并带走汽化后的湿分蒸汽。干燥介质在干燥过程中既是热载体又是载湿体。干燥介质的温度容易调控，被干燥的物料不易过热，但干燥介质离开干燥设备时，还带走相当一部分热能，因此对流干燥的热能利用程度较差。有厢式干燥器、气流干燥器、沸腾干燥器、喷雾干燥器、转筒干燥器、洞道干燥器等。

（3）辐射干燥

热能以电磁波的形式由辐射器发射到湿物料表面，被湿物料吸收后再转变为热能将湿物料中的湿分汽化并除去。辐射干燥生产强度大，产品洁净且干燥均匀，但能耗高。如红外线干燥器。

（4）介电加热干燥

将湿物料置于高频电场内，在高频电场的作用下，物料内部分子因振动而发热，从而达到干燥目的。如微波加热。

### 4.12.2 干燥危险性及安全技术

干燥过程中要严格控制温度，防止局部过热，以免造成物料分解爆炸。在干燥过程中散发出来的易燃易爆气体或粉尘，不应与明火和高温表面接触，防止燃爆。

在干燥方法中，间歇干燥比连续干燥危险。因为在间歇干燥操作过程中，操作人员不但劳动强度大，而且还需在高温、粉尘或有害气体存在的环境下操作，工艺参数的可变性也增加了操作的危险性。

① 间歇干燥。间歇干燥物料大部分靠人力输送，热源采用热空气自然循环或鼓风强制循环，温度较难控制，易出现局部过热引起物料分解，造成火灾或爆炸。干燥过程中所产生的易燃气体和粉尘，同空气混合达到爆炸极限时，遇明火、炽热表面和高温会燃烧爆炸。因此，在干燥过程中，应严格控制温度。根据具体情况，应安装温度计、温度自动调节装置、自动报警装置以及防爆泄压装置。

当干燥物料中含有自燃点很低或含有其他有害杂质时，必须在干燥前进行彻底清除。干燥室内也不得放置容易自燃的物质。

用电烘箱烘烤能够蒸发易燃蒸气的物质时，电炉丝应完全封闭，箱上应加防爆门。

干燥室与生产车间应用防火墙隔绝，并安装良好的通风设备，一切电气设备开关（非防爆的）应安装在室外。电热设备应与其他设备隔离。

在干燥室或干燥箱内操作时，应防止可燃的干燥物直接接触热源，以免引起燃烧。

② 连续干燥。连续干燥采用机械化操作，干燥过程连续进行，因此物料过热的危险性较小，且操作人员脱离了有害环境，所以连续干燥较间歇干燥安全。在洞道、转筒干燥器干燥时，主要应防止发生机械伤害。因此，应有联系信号及各种防护装置。

在气流干燥、喷雾干燥、沸腾床干燥以及转筒干燥时，多以烟道气、热空气为干燥热源。干燥过程中所产生的易燃气体和粉尘同空气混合易达到爆炸极限，必须严加防范。在气流干燥中，物料由于迅速运动，相互激烈碰撞、摩擦易产生静电。滚筒式干燥中的刮刀，有时和滚筒壁摩擦产生火花，这些都是危险因素。因此，应该严格控制干燥气流风速，并将设备接地；对于滚筒干燥应适当调整刮刀与筒壁间隙，并将刮刀牢牢固定，或采用有色金属材料制造刮刀，防止产生火花。利用烟道气直接加热可燃物时，在滚筒或干燥器上应安装防爆片，以防烟道气混入一氧化碳而引起爆炸。同时注意加热均匀，绝对不可断料，滚筒不可中途停止运转。若有断料或停转，应切断烟道气并通入氮气。性质不稳定、容易氧化分解的物料进行干燥时，滚筒转速宜慢，要防止物料落入转动部分。转动部分应有良好的润滑和接地措施。含有易燃液体的物料不宜采用滚筒干燥。

在干燥中注意采取措施，防止易燃物料与明火直接接触。对易燃易爆物质采用流速较大的热空气干燥时，排气用的设备和电动机应采用防爆结构，并定期清理设备中的积灰和结疤。

③ 真空干燥。在干燥易燃、易爆的物料时，采用连续式或间歇式真空干燥比较安全。因为在真空条件下，易燃液体蒸发速度快，干燥温度可适当控制得低一些，从而可以防止由于高温引起物料局部过热和分解，以降低火灾、爆炸的可能性。

真空干燥后消除真空时，一定要等到温度降低后才能放进空气，否则，空气过早进入，有可能引起干燥物着火或爆炸。

### 4.12.3 案例分析

某年12月6日，河南某制药厂一分厂干燥器内烘干的过氧化苯甲酰发生化学分解强力爆炸，死亡4人，重伤1人，轻伤2人，直接经济损失15万元。

（1） 事故经过

该厂的最终产品是面粉改良剂，过氧化苯甲酰是主要配入药品。这种药品属化学危险物品，过热、摩擦、撞击等会引起爆炸，为避免外购运输中发生危险，故厂内自制。

12月4日8:00，工艺车间干燥第五批过氧化苯甲酰（105 kg）时，按工艺要求，需干燥8 h，至下午停机。由化验室取样化验分析，质检不合格，需再次干燥。5日9:00，将这批次的过氧化苯甲酰装入干燥器。恰遇当日停电，一天没开机。6日8:00，当班干燥工马某对干燥器进行检查后，由干燥工苗某和化验员胡某二人去锅炉房通知锅炉工杨某送热汽，又到制冷房通知王某开真空，之后胡某、苗某二人回到干燥房。9:00左右，员工张某喊胡某去化验。14:00停抽真空，在停抽真空约15 min，干燥器内的干燥物过氧化苯甲酰发生化学爆炸。炸毁车间上下两层5间房、粉碎机1台、干燥器1台，干燥器内蒸汽排管在屋内向南移动约3 m，外壳撞到北墙飞出8.5 m左右，楼房倒塌，造成重大人员伤亡。

（2）事故原因

第一分蒸汽阀门没有关，第二分蒸汽阀门差一圈没关严，显示第二分蒸汽阀门进汽量的压力为 0.1 MPa。据此判断干燥工马某、苗某没有按照《干燥器安全操作规程》“在停机抽真空之前，应提前 1 小时关闭蒸汽”的规定进行操作。在没有关闭两道蒸汽阀门的情况下，即通知停抽真空，造成干燥器内温度急剧上升，干燥物过氧化苯甲酰因遇热引起剧烈分解发生爆炸。

该厂在试生产前对其工艺设计、生产设备、操作规程等，未按化学危险物品规定报安全管理部门鉴定验收。

该厂所用的干燥器是仿照许昌制药厂的干燥器自制的，该干燥器适用于一般物品，尚不适用干燥化学危险物品过氧化苯甲酰。

## 4.13 粉碎

在化工生产中，为了满足生产工艺的要求，常需将固体物料粉碎或研磨成粉末。将大块物料变成小块物料的操作称粉碎或破碎，而将小块物料变成粉末的操作称研磨。

粉碎有以下几个目的，比如增加比表面积，提高物料利用度；便于各成分混合均匀，制备多种剂型；加速物料中有效成分的浸出；便于物料的干燥和保存。

### 4.13.1 粉碎的分类

粉碎方法分为湿法与干法两类。干法粉碎是最常用的方法，按被粉碎物料的直径尺寸可分为粗碎（直径为 40～1 500 mm）、中碎（直径为 5～50 mm）、细碎、磨碎或研磨（直径小于 5 mm）。

粉碎方法按实际操作时的作用力可分为挤压、撞击、研磨、劈裂等。

根据被粉碎物料的物理性质和块度大小，以及所需的粉碎度进行粉碎方法的选择。一般对于特别坚硬的物料，挤压和撞击更有效。对于韧性物料用研磨或剪力较好，而对脆性物料以劈裂为宜。

### 4.13.2 粉碎设备

（1）颚式破碎机

颚式破碎机主要处理坚硬的物料。工作时，电动机通过皮带轮带动偏心轴旋转，使动颚周期地靠近、离开定颚，从而对物料有挤压、搓、碾等多重破碎，使物料由大变小，逐渐下落，直至从排料口排出。

优点：处理物料平均直径的范围较大，生产能力大，结构简单，维护检修方便，可长时间运转。

缺点：摆动的惯性力大，零件承受载荷较大，对机器的基础要求高，且粉碎度不大。

（2）圆锥式破碎机

圆锥式破碎机在工作过程中，电动机通过传动装置带动偏心套旋转，动锥在偏心轴套的作用下做旋转摆动，动锥靠近静锥的区段即成为破碎腔，物料受到动锥和静锥的多次挤压和撞击而破碎。动锥离开该区段时，该处已破碎至要求粒度的物料在自身重力作用下下落，从锥底排出。优点是破碎力大、破碎粒度均匀、效率高、处理量高、动作成本低、调整方便、使用经济性高等。

针对石灰石、花岗岩、铁矿石、玄武石、鹅卵石、大理石、砂岩、石英石、河卵石、有色金属矿石等，都能发挥很好的破碎效果。

（3）锤式粉碎机

主要靠冲击能来完成破碎物料作业。电机带动转子做高速旋转，物料均匀地进入破碎机腔中，高速回转的锤头冲击、剪切撕裂物料致物料被破碎。

优点：粉碎能耗小，粉碎度较大，设备结构紧凑，操作比较安全，生产能力较大。

缺点：锤头磨损较快，筛板易于堵塞，过度粉碎的粉尘较多。

（4）球磨机

球磨机适于粉碎结晶性物料、易熔化的树脂、树胶类物料及非纤维性的脆性物料。

对具有刺激性的物料可防止粉尘飞扬，对具有较大吸湿性的物料可防止吸潮，也适用于挥发性物料。

球磨机除广泛应用于干法粉碎外，亦可用于湿法粉碎。

### 4.13.3　粉碎过程危险性

粉碎的危险主要由机械故障、机器及其所在的建筑物内的粉尘爆炸、精细粉料处理伴生的毒性危险以及高速旋转元件的断裂等引起。

### 4.13.4　粉碎安全技术

① 必须有紧急制动装置，运转中的破碎机严禁检查、清理、调节和检修。

② 操作台必须坚固，沿台周边应设高 1 m 的安全护栏。

③ 为防止金属物件落入破碎装置，必须装设磁性分离器。

④ 破碎装置周围的过道宽度必须大于 1 m。

⑤ 如破碎机安装在操作台上，则台与地面之间的高度应在 1.5～2 m。

⑥ 对于能产生可燃粉尘的研磨设备，要有可靠的接地装置和爆破片。要注意设

备润滑，以防止摩擦发热。

⑦ 可燃物料研磨后，应先冷却、后装桶，以防发热引起燃烧。

⑧ 粉碎系统粉末阴燃或燃烧时，须停止送料，并采取措施断绝空气来源，必要时充入惰性气体。

⑨ 不宜使用加压水流或泡沫进行扑救，以免可燃粉尘飞扬，引起事故扩大。

⑩ 圆锥式破碎面应装设防护板，以防固体物料飞出伤人。还要注意加入破碎机的物料块度不应大于其破碎性能。

⑪ 各类粉碎、研磨设备要密闭，操作室要有良好通风，以降低空气中粉尘含量。必要时可装设喷淋设备。

### 4.13.5 案例分析

（1）事故经过

某年 4 月 2 日 13：00，在安徽省安庆市大观经济开发区万华油品有限公司内，江苏盛铭公司组织 8 名工人在烘干粉碎分装车间的东第二车间粉碎分装黑色物料。17：00，在重新启动粉碎机时，粉碎机下部突发爆燃，瞬间引燃操作面物料，火势迅速蔓延，引燃化工原料库物料，造成 5 人死亡、3 人受伤。事故暴露出企业非法出租给不具备安全生产条件的盛铭公司，非法组织生产的问题。

（2）事故原因

粉碎、收集、分装作业现场不具备安全生产条件，无除尘设施，导致可燃性粉尘积聚。由于使用了不防爆的电器，产生的电火花引发了可燃性粉尘爆燃。

车间布置不合规、生产组织安排不合理、无应急处置能力导致事故扩大。

## 4.14 筛分

在化工生产中，为满足生产工艺要求，常将固体原材料、产品进行颗粒分级。通常用筛子按固体颗粒度（块度）分级，选取符合工艺要求的粒度，这一操作过程称为筛分（扫描目录下二维码获得高清图 48）。

筛分分为人工筛分和机械筛分。筛分所采用的设备是筛子，筛子分固定筛及运动筛两类。若按筛网形状又可分为转筒式和平板式两类。转筒式运动筛又分为圆盘式、滚筒式和链式等；平板式运动筛又分为摇动式和簸动式。

物料粒度是通过筛网孔眼尺寸控制的。在筛分过程中，有的是筛下部分符合工艺要求的物料；有的是需要符合工艺要求筛余物。根据工艺要求还可进行多次筛分，去掉颗粒较大和较小部分而留取中间部分。

### 4.14.1　筛分的危险性

人工筛分劳动强度大，操作者直接接触粉尘，对呼吸器官和皮肤都有很大危害。而机械筛分大大减轻了体力劳动，减少了操作者与粉尘接触的机会。如能很好地实现筛分过程的密闭，实现自动控制，操作者将摆脱粉尘危害。

### 4.14.2　筛分安全技术

从安全技术角度考虑，筛分操作要注意以下几个方面。

① 在筛分过程中，粉尘如果具有可燃性，应注意因碰撞和静电而引起的粉尘燃烧、爆炸。

② 如粉尘具有毒性、吸水性或腐蚀性，要注意呼吸器官及皮肤的保护，以防引起中毒或皮肤伤害。

③ 要加强检查，注意筛网的磨损和筛孔堵塞、卡料，以防筛网损坏和混料。

④ 筛分操作是大量扬尘过程，在不妨碍操作、检查的前提下，应将其筛分设备最大限度地进行密闭。

⑤ 振动筛会产生大量噪声，应采用隔离等消声措施。

⑥ 筛分设备的运转部分要加防护罩以防绞伤人体。

## 4.15　混合

化工生产中，使两种以上物料相互分散，而达到温度、浓度以及组成一致的操作叫作混合。

混合分为液态与液态物料的混合、固态与液态物料的混合和固态与固态物料的混合。混合方法有机械搅拌、气流搅拌以及其他混合方法。

### 4.15.1　混合设备

（1）机械搅拌

机械搅拌设备包括桨式搅拌器、螺旋式搅拌器、涡轮式搅拌器、特种搅拌器等（扫描目录下二维码获得高清图 49～高清图 51）。

桨式搅拌器：桨式搅拌器结构最为简单，叶片由扁钢制成，叶片由焊接或螺栓固定在轮毂上，叶片数为 2～4 片。

螺旋式搅拌器：螺旋式搅拌器适用于给水和排水工程中的混合池，反应池原水与各种药剂的混合及反应过程的搅拌，搅拌转数一般为 30～1 400 r/min。搅拌器的材质一般有不锈钢、碳钢、碳钢衬胶等。

涡轮式搅拌器：有较高的转速，适应于大容量及含固体小于60%、黏度较大的液体，或制备乳浊液及比重差大的悬浮液。

特种搅拌器：如盘式搅拌器等。

（2）气流搅拌

气流搅拌是用压缩空气、蒸汽、氮气通入液体介质中进行鼓泡，以达到混合目的的一种装置。

气流搅拌设备简单，特别适用于化学腐蚀性强的液体，但搅拌尾气会带走一定量的挥发物造成损失。若搅拌气体为空气，则可使某些液体产生氧化或胶化作用。倘若被搅拌的液体需要加热，可用蒸汽直接搅拌，则氧化或胶化作用就可完全避免。

（3）其他搅拌设备

主要设备有捏合机、螺旋混合器、干粉混合器等（扫描目录下二维码获得高清图52和高清图53）。

### 4.15.2 混合的危险性

混合依据不同的相及其固有的性质，有着特殊的危险，还有与动力机械有关的普通的机械危险，所以混合操作也是一个比较危险的过程。要根据物理性质（如腐蚀性、易燃易爆性、粒度、黏度等）正确选用设备。

### 4.15.3 混合过程安全技术

① 对混合能产生易燃、易爆或有毒物质的混合设备，应密闭良好，并充入惰性气体加以保护。

② 当搅拌过程中物料产生热量时，如因故停止搅拌，会导致物料局部过热。因此，在安装机械搅拌的同时，还要辅以气流搅拌，或增设冷却装置。

③ 有危险的气流搅拌尾气应加以回收处理。

④ 对于混合可燃粉料，设备应很好接地导除静电，并应在设备上安装爆破片。

⑤ 混合设备不允许落入金属物件。

⑥ 进入大型机械搅拌设备检修，其设备应切断电源或开关加锁，绝对不允许任意启动。

### 4.15.4 案例分析

（1）事故经过

某年11月21日，石家庄市某动物药品厂发生的一起搅拌机挤压事故，造成1人死亡。当日10：20左右，操作工赵某在未关闭搅拌机电源的情况下，用小笤帚清扫余料，手指被搅拌机的转轮夹住，并将身体上部带入，使胸部被转轮挤压，导致窒息，经抢救无效死亡。

（2）事故原因

① 作业时违反安全操作规程，清扫余料时未关闭搅拌机电源。

② 安全教育培训不够，落实安全规章制度不到位。

## 【复习题】

1. 固体物料输送方式有哪些？

2. 请分别说出块状物料、粉状流动性较好的物料、气体物料、液体物料适合使用哪种输送方式？危险性和安全要点有哪些？

3. 加热方式共有几种？分别是什么？危险性分别有哪些？

4. 冷却和冷凝的区别是什么？

5. 冷却的方法有哪些？

6. 直接冷却法的缺点是什么？

7. 常用的冷冻剂有哪些？

8. 冷冻机的原理是什么？

9. 熔融过程的危险性有哪些？

10. 吸收的原理是什么？是什么状态物料的分离？

11. 吸收过程的主要危险性有哪些？

12. 吸收的作用有哪几个？

13. 吸收剂选择的原则有哪几个？

14. 影响吸收的主要因素有哪些？

15. 填料塔的填料选择，有哪些原则？

16. 吸收过程的安全要点有哪些？

17. 什么是解吸？作用是什么？

18. 萃取的原理是什么？

19. 萃取的种类有哪些？

20. 萃取的安全要点是什么？

21. 什么是干燥？

22. 干燥方式有哪几个？分别有哪几种干燥设备？

23. 干燥过程的危险性有哪些？危险性和干燥设备是否有关？

24. 干燥过程的安全要点有哪些？

25. 过滤的原理是什么？

26. 过滤的类型有哪些？

27. 常用的过滤设备有哪些？危险性是什么？

28. 混合的原理是什么？混合的方法有哪些？

29. 搅拌器的类型有哪些？

30. 混合设备有哪些类型？
31. 混合过程的主要危险性是什么？
32. 粉碎的目的是什么？
33. 粉碎的作用力有哪几种？
34. 粉碎设备的类型有哪些？主要的优缺点是什么？
35. 粉碎过程的主要危险性是什么？
36. 粉碎的安全要点有哪些？
37. 筛分的类型及优缺点有哪些？
38. 筛分的安全要点是什么？

## 实训 4　离心泵的使用及离心泵停电应急处置

**【实训目的】**掌握离心泵开关机的正确顺序；掌握离心泵停电时的应急处置方法。

**【实训材料】**危化品从业人员安全技术实际操作考试仿真软件（东方仿真）。

**【实训步骤】**如下所示：

（1）离心泵的使用步骤（学生填写）。

（请根据离心泵使用的安全要点要求，将离心泵的使用步骤填写到下方空白处。）

| 请将步骤填在此： |
| --- |
| |

（2）离心泵停电的应急处置步骤（学生填写）。

（请根据危化品从业人员安全技术实际操作考试仿真软件要求，将离心泵停电后的应急处置步骤填写到下方空白处。）

| 请将步骤填在此： |
|---|

## 实训 5 物料输送过程危险因素辨识及安全措施制定

**【实训目的】** 掌握物料输送过程的危险因素识别方法；掌握如何制定安全措施。

**【实训器材】** 电脑、教材。

**【实训步骤】** 我国合成氨工业于 20 世纪 30 年代起步，经过数十年的努力，已形成了遍布全国、大中小型氨厂并存的氮肥工业布局。截至 1999 年，我国合成氨产量已排名世界第一。

合成氨生产的原料，按物料状态可分为固体原料、气体原料和液体原料三种。

其中，固体原料主要是焦炭、煤，生产的基本过程如下：

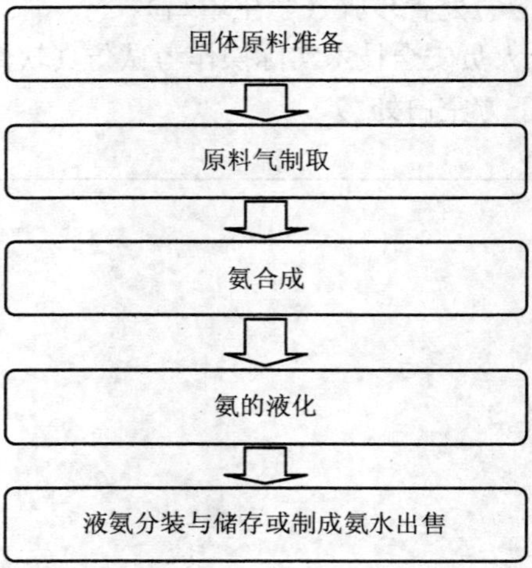


图 4-4　液氨生产过程

其中，涉及输送的物料主要有焦炭、煤、原料气（煤气）、液氨、氨水等。

1. 请根据以上的情况介绍，按以下的分析步骤，逐步制定出该工艺中以下物料输送的安全对策措施（填入实训表格 4）。

（1）请根据物料输送（第 4 章）所学知识，为以下物料输送选择适用的设备：煤块的输送、煤粉的输送、原料气（煤气）的输送、氨水的输送、液氨的输送。

（2）请根据选择的设备，分别列出各物料在输送过程中存在的危险因素，并制定相应的安全对策措施：

生产安全事故分类如表 4-2 所示：

表 4-2　生产安全事故分类

| 序号 | 类别名称 | 序号 | 类别名称 |
|---|---|---|---|
| 1 | 物体打击 | 11 | 冒顶片帮 |
| 2 | 车辆伤害 | 12 | 透水 |
| 3 | 机械伤害 | 13 | 放炮 |
| 4 | 起重伤害 | 14 | 火药爆炸 |
| 5 | 触电 | 15 | 瓦斯爆炸 |
| 6 | 淹溺 | 16 | 锅炉爆炸 |
| 7 | 灼烫 | 17 | 容器爆炸 |
| 8 | 火灾 | 18 | 其他爆炸 |
| 9 | 高处坠落 | 19 | 中毒和窒息 |
| 10 | 坍塌 | 20 | 其他伤害 |

2．请上网查找输送设备的介绍、图片与相应的国家标准规定（仅列出有效国标的名称即可）（填入实训表格 5）。

注：查询标准可以在“工标网”上查询（实训表格可扫描目录下二维码获得）。

## 实训 6　换热器泄漏有人中毒应急处置

**【实训目的】** 掌握换热器泄漏有人中毒时的应急处置步骤及方法。

**【实训材料】** 危化品从业人员安全技术实际操作考试仿真软件（东方仿真）。

**【实训步骤】** 在对流传热中，传递的热量除与传热推动力（温度差）有关外，还与传热面积和传热系数成正比。传热面积减少时，传热量减少；如果间壁上有气膜或垢层，都会降低传热系数，减少传热量。所以，开车前要排不凝气；发生管堵或严重结垢时，必须停车检修或清洗。另外，考虑到金属的热胀冷缩特性，尽量减小温差应力和局部过热等问题，开车时应先进冷物料后进热物料；停车时则先停热物料后停冷物料。

（请按照仿真软件步骤指引进行操作，并将操作步骤及得分贴在下方，由学生填写。）

| 请将步骤与得分贴于此： |
| --- |
| |

## 实训 7　精馏塔回流罐切水阀法兰泄漏着火应急处置

**【实验目的】**掌握精馏塔回流罐切水阀法兰泄漏着火应急处置步骤及方法。

**【实训材料】**危化品从业人员安全技术实际操作考试仿真软件（东方仿真）。

**【实验步骤】**精馏是化工生产中分离互溶液体混合物的典型单元操作，其实质是多级蒸馏，即在一定压力下，利用互溶液体混合物各组分的沸点或饱和蒸气压不同，使轻组分（沸点较低或饱和蒸气压较高的组分）气化，经多次部分液相气化和部分气相冷凝，使气相中的轻组分和液相中的重组分浓度逐渐升高，从而实现分离。对于危险化学品泄漏应根据危化品的性质和特点采取相应的应急措施。

（请按照仿真软件步骤指引进行操作，并将操作步骤及得分贴在下方，由学生填写。）

请将步骤与得分贴于此：

# 实训 8 化工单元操作危险辨识及安全技术措施制定

**【实训目的】** 掌握化工单元操作危险辨识的方法；掌握化工单元操作安全技术的措施制定。

**【实训材料】** 部分化工安全设施图（表 4-3）；化工单元上课教材资料；生产安全事故分类表（表 4-4）；危险有害因素辨识与安全技术措施制定导引表（表 4-5）。

**【实训步骤】** 化工单元是化工生产过程中的重要组成部分，其危险、有害因素的辨识与安全技术措施的制定十分重要。通常，安全对策措施的制定是建立在危险辨识的基础之上，一般从以下几个方面进行危险辨识：① 从物料的角度分析物料的危险有害因素；② 从设备的角度分析设备的危险有害因素；③ 从工艺和工艺操作的角度分析危险有害因素；④ 从作业环境的角度分析危险灾害因素。

危险化学品事故分析按以下步骤进行，并把分析内容填入实训表格 6～实训表格 14（实训表格可扫描目录下二维码获得）：

1. 回顾教材的内容。

2. 熟悉生产安全事故分类表 4-4，识别实训表格 6 中的安全措施。

3. 辨识化工单元的危险有害因素。

4. 根据上一步辨识出的危险有害因素，结合教材，提出保障安全的技术措施（原则上不少于三条措施）（根据表 4-5，填写实训表格 6～实训表格 14）。

**表 4-3 辨识图中的安全措施或设施（示例）**

| 项目 | 安全措施或设施名称 | 图示 |
|---|---|---|
| 1 | 图中采取的安全措施有：<br>1. 防爆电机，防爆电气线路：用于易燃易爆气体环境，防止发生电火花点燃气体而爆炸。<br>2. 电机接地线：用于漏电防护。<br>3. 电机转动部位设有防护罩：防止机械伤害 |  |
| … | … | … |

表 4-4 生产安全事故分类表

| 序号 | 类 别 | 序号 | 类 别 |
|---|---|---|---|
| 1 | 物体打击 | 11 | 冒顶片帮 |
| 2 | 车辆伤害 | 12 | 透水 |
| 3 | 机械伤害 | 13 | 放炮 |
| 4 | 起重伤害 | 14 | 火药爆炸 |
| 5 | 触电 | 15 | 瓦斯爆炸 |
| 6 | 淹溺 | 16 | 锅炉爆炸 |
| 7 | 灼烫 | 17 | 容器爆炸 |
| 8 | 火灾 | 18 | 其他爆炸 |
| 9 | 高处坠落 | 19 | 中毒和窒息 |
| 10 | 坍塌 | 20 | 其他伤害 |

表 4-5 危险有害因素辨识与安全技术措施制定导引表（示例）

| 序号 | 填写项目 | 填写内容 |
|---|---|---|
| 1 | 单元操作名称 | 可燃液体输送 |
| 2 | 物料特点 | 可燃液体，如甲苯 |
| 3 | 设备类别 | 离心泵、输送管道 |
| 4 | 危险有害因素 | 火灾、爆炸、中毒、机械伤害 |
| 5 | 安全技术措施 | 1．离心泵在开启前，泵内和吸管必须用液体充满。<br>2．做好接地，防止静电积聚。<br>3．控制好流速（安全流速）和输送压力。<br>4．输送机泵及场所用电设施、电缆必须采用防爆电气设备。<br>5．泵与电机的联轴节应加防护罩以防绞伤 |

# 第 5 章　化学反应安全技术

化工生产过程就是通过可控制的化学反应改变物质的物理化学性质的过程。一方面，化学反应过程本身存在危险性；另一方面，化学反应生成的新物质又出现了新的危险性。认识各种化学反应过程的危险性质，才能有针对性地采取安全对策措施。

热危险性是化工生产过程中可能造成反应失控的最典型表现。过度的反应放热超过了反应器冷却能力的控制极限，导致喷料和反应器破坏，甚至发生燃烧、爆炸等事故。因此，掌握热危险性的规律是实现化工生产过程安全的关键。

不同的化学反应，具有不同的原料、产品、工艺流程、控制参数，其危险性也呈现不同的水平。化学反应的危险性一般表现为如下几种情况。

① 有本质上不稳定物质存在的化学反应，这些不稳定物质可能是原料、中间产物、成品、副产品、添加物或杂质等。

② 放热的化学反应。

③ 含有易燃物料且在高温、高压下运行的化学反应。

④ 含有易燃物料且在冷冻状况下运行的化学反应。

⑤ 在爆炸极限内或接近爆炸极限反应的化学反应。

⑥ 有可能形成尘雾爆炸性混合物的化学反应。

⑦ 有高毒物料存在的化学反应。

⑧ 储有压力、能量较大的化学反应。

在化工生产过程中，比较危险的化学反应主要有燃烧、氧化、加氢、还原、聚合、卤化、硝化、缩合、烷基化、胺化、芳化、重氮化、电解、催化、裂化、磺化、酯化、闭环、中和、酰化、盐析、脱溶、水解、耦合等。

## 5.1　化学反应类型

化学反应指某一物质与不同的物质结合，或参与不同的反应，得到不同性能的产物的过程。表 5-1 说明了各类反应的特征基团及基团的反应形式。

表 5-1 化学反应识别表

| 反应类别 | 特征基团或过程 | 说明 |
|---|---|---|
| 氧化 | —O— 或 ═O | 引入特征基团 |
| 卤化 | —Cl | 引入特征基团 |
| 硝化 | $—NO_2$ | 引入特征基团 |
| 磺化 | $—SO_3$ | 引入特征基团 |
| 烷基化 | —C—C— | 引入特征基团 |
| 重氮化 | —N═N— | 引入特征基团 |
| 还原 | —H | 引入特征基团 |
| 电解 | 如：$2NaCl+2H_2O \longrightarrow 2NaOH+Cl_2+H_2$ | 去除特征基团 |
| 聚合 | 小分子变为大分子 | 分子链由短变长 |
| 裂解 | 大分子变为小分子 | 分子链由长变短 |

（1）氧化反应

氧化过程在化学工业中有广泛的应用，如氨氧化制硝酸、甲醇氧化制甲醛、乙烯氧化制环氧乙烷等。由于被氧化的物质大多都是易燃易爆的危险化学品，而反应过程中又常以空气和氧为氧化剂，反应体系随时都可以形成爆炸性混合物。如乙烯氧化制环氧乙烷，乙烯在氧气中的爆炸下限为91%，即含氧量9%，反应体系中氧含量要求严格控制在 9%以下。该反应产物环氧乙烷在空气中的爆炸极限很宽，为3%～100%，同时，反应放出大量的热增加了反应体系的温度，在高温下，由乙烯、氧和环氧乙烷组成的循环气具有更大的爆炸危险性。

氧化反应是强放热反应，特别是完全氧化反应放出的热量比部分氧化反应大 8～10 倍，所以及时有效地移走反应热非常关键。

强氧化剂（如高锰酸钾、氯酸钾、铬酸钾、过氧化氢、过氧化苯甲酰等）具有很强的助燃性，遇高温、受撞击、受摩擦以及与有机物、酸类接触，都能引起燃烧或爆炸。

有机过氧化物不仅具有很强的氧化性，而且大部分是易燃物质，有的对温度特别敏感，遇高温则爆炸。

下面以甲苯制苯甲醛、苯甲酸工艺为例，介绍氧化反应工艺产品

① 苯甲醛：工艺产品中 61%为苯甲醛，用于生产间氧苯甲醛等，也可用于调和皂用香精、食用香精等，在日常生活中应用也相当广泛。苯甲醛属于不受管制的化学品且需求量极大。

② 苯甲酸：工艺产品中 39%为苯甲酸，通常用作定香剂，也可作为膏香用于熏香香精。其应用受到管制，原先大量使用于防腐剂中，目前国家规定为防腐剂中禁用原料。但在其他方面应用价值不减，与苯甲醛相比应用范围较小，需求量不是很大。

（2）卤化反应（氯化反应）

以卤素取代有机化合物中氢原子的过程称为卤化反应（氯化反应）。化工生产中的氯化反应是直接用氯化剂处理被氯化的原料。

被氯化物中，比较常用的有甲烷、乙烷、戊烷、天然气、苯、甲苯及萘等。广泛应用的氯化剂有液态或气态的氯、气态氯化氢和各种浓度的盐酸、磷酰氯（三氯氧化磷）、三氯化磷、硫酰氯（二氯硫酰）、次氯酸钙（漂白粉）等。

在氯化过程中，不仅原料与氯化剂发生作用，而且所生成的氯化衍生物与氯化剂也同时发生作用，因此在反应物中除一氯取代物之外，总是含有二氯及三氯取代物，所以氯化的反应物是各种不同浓度的氯化产物的混合物。氯化过程往往伴有氯化氢气体的生成。

影响氯化反应的因素是被氯化物及氯化剂的化学性质、反应温度、压力（压力影响较小）、催化剂向反应物的聚集状态等。氯化反应是在接近大气压的条件下进行的，多数稍高于大气压或者比大气压稍低，以促使氯化氢气体逸出。真空度常通过在氯化氢排出导管上设置喷射器来实现。

氯苯（制备如图5-1所示）为无色液体，沸点为132.2℃，在第一次世界大战期间主要用于生产军用炸药所需的苦味酸。在染料、医药工业中用于制造苯酚、硝基氯苯、苯胺、硝基酚等有机中间体。在橡胶工业中用于制造橡胶助剂。在涂料工业中用于制造油漆。在轻工工业中用于制造干洗剂和快干油墨。在化工生产中用作溶剂和传热介质。在分析化学中用作化学试剂。

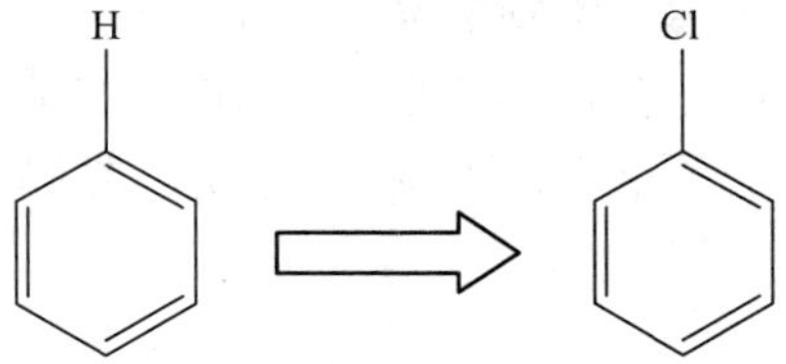


图5-1　苯制作氯苯过程示意

（3）硝化反应

有机化合物分子中引入硝基取代氢原子而生成硝基化合物的反应，称为硝化反应。常用的硝化剂是浓硝酸或浓硝酸与浓硫酸的混合物（俗称混酸）。硝化反应是生产染料、药物及某些炸药的重要反应。

混酸中浓硝酸作硝化剂，浓硫酸为催化剂，也有使用氧化氮气体作硝化剂的。一般的硝化反应是先把浓硝酸和浓硫酸配成混酸，然后在严格控制温度的条件下将混酸滴入反应器，进行硝化反应。

硝化过程中硝酸的浓度对反应温度有很大的影响。硝化反应是强烈放热的反应，因此硝化需在降温条件下进行。

对于难硝化的物质以及制备多硝基物时，常用硝酸盐代替硝酸。先将被硝化的物质溶于浓硫酸中，然后在搅拌下将某种硝酸盐（硝酸钾、硝酸钠、硝酸铵）渐渐加入浓酸溶液中。此类反应中氧化氮也可以作硝化剂。

硝基苯又名密斑油、苦杏仁油，是一种无色或微黄色具苦杏仁味的油状液体，难溶于水，密度比水大，易溶于乙醇、乙醚、苯和油，遇明火、高热会燃烧、爆炸，与硝酸反应剧烈。硝基苯由苯经硝酸和硫酸混合硝化而得（图 5-2），常用作有机合成中间体及生产苯胺的原料，也用于生产染料、香料、炸药等有机合成物质。

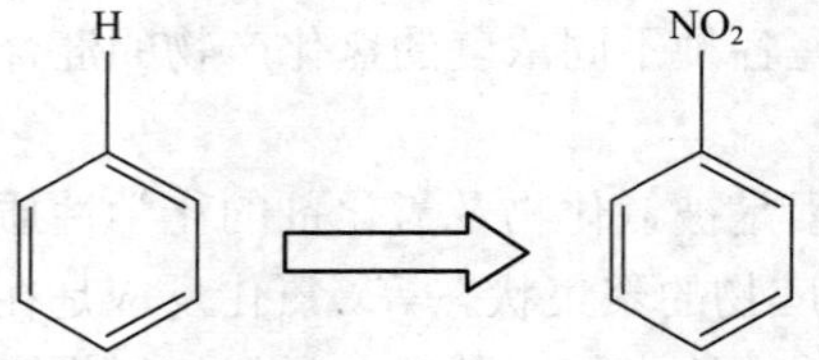


图 5-2　苯制作硝基苯过程示意

（4）磺化反应

磺化是在有机化合物分子中引入磺酸基（$—SO_3H$）的反应。常用的磺化剂有发烟硫酸、亚硫酸钠、亚硫酸钾、三氧化硫等。如用硝基苯与发烟硫酸生产间氨基苯磺酸钠、卤代烷与亚硫酸钠在高温加压条件下生产磺酸盐等均属磺化反应。用苯制作苯磺酸的过程如图 5-3 所示。苯磺酸易溶于水、乙醇，微溶于苯，不溶于乙醚、二硫化碳，主要用于碱熔法制备苯酚，也用于制作苯二酚等，还用作催化剂。吸入、摄入或经皮肤吸收后对身体有害，对眼睛、皮肤、黏膜和上呼吸道有强烈的刺激作用。

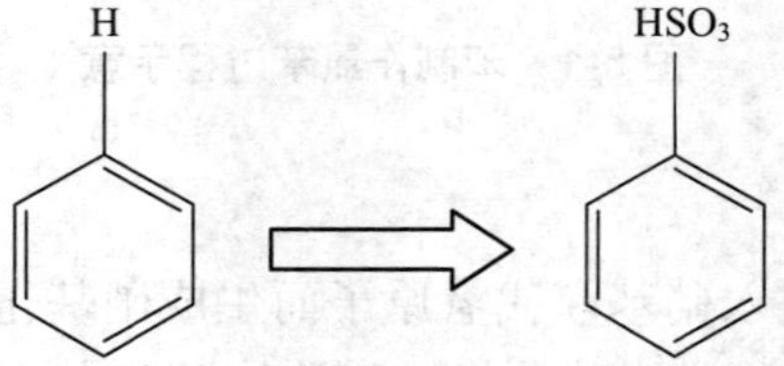


图 5-3　苯制作苯磺酸过程示意

（5）烷基化反应

苯和乙烯制乙苯的烷基化方法，是在反应温度为 370～450℃，反应压力为常压～2.0 MPa，苯/乙烯分子比为 1～25 的条件下反应制备的。乙苯是重要的化工原料，主要用于生产苯乙烯。

（6）还原反应

还原反应种类很多，但多数还原反应的反应过程比较缓和。常用的还原剂有铁、硫化钠、亚硫酸盐（亚硫酸钠、亚硫酸氢钠）、锌粉、连二亚硫酸钠、分子氢等。有些还原反应会产生氢气或使用氢气，有些还原剂和催化剂有较高的燃烧和爆炸危险性。环己烷（制作过程如图 5-4 所示）别名六氢化苯，为无色有刺激性气味的液体，不溶于水，溶于多数有机溶剂，极易燃烧。其可用作橡胶、涂料、清漆的溶剂，清洗去油剂，胶黏剂的稀释剂，油脂萃取剂，分析试剂，色谱分析标准物质，有机合成试剂，络合滴定铜、铁、硅、铝、钙、镁等的试剂，光刻胶溶剂，精油的萃取剂。

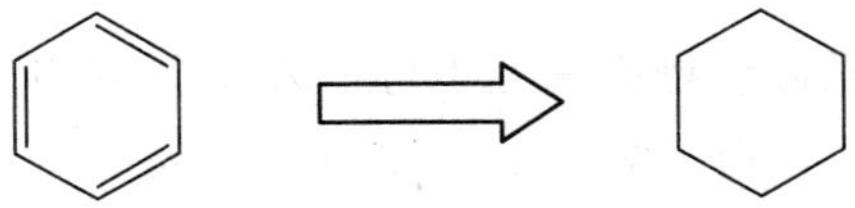

图 5-4　苯制环己烷过程示意

（7）催化反应

催化反应是在催化剂的作用下进行的化学反应。例如，由二氧化硫和氧合成三氧化硫，由氮和氢合成氨，由乙烯和氧合成环氧乙烷等都属于催化反应。

在选择催化剂时，大体有以下几种情况需要考虑。

① 生产过程中产生水蒸气的，一般采用无机盐类（氯化铝、氯化铁、三氧化二磷及氧化镁）等物质作催化剂。

② 反应过程中产生氯化氢的，一般采用碱、吡啶、金属、氯化铝、氯化铁等物质作催化剂。

③ 反应过程中产生硫化氢的，一般采用盐基、卤素、碳酸盐、氧化物等物质作催化剂。

④ 反应过程中产生氢气的，应采用氧化剂（如高锰酸钾）、空气、氧化物及过氧化物等物质作催化剂。

（8）聚合反应

将若干个分子结合为一个较大的、组成相同而分子量较高的化合物的反应过程称为聚合反应。所以，聚合物就是由单体聚合而成的、分子量较高的物质。分子量较低的称作低聚物，如三聚甲醛是甲醛的低聚物。分子量高达几千甚至几百万的称为高聚物或高分子化合物，如聚氯乙烯是氯乙烯的高聚物。

聚合反应的类型很多，按聚合物和单体元素组成和结构的不同，可分为加聚反应和缩聚反应两大类。单体加成而聚合起来的反应称为加聚反应，如氯乙烯聚合成聚氯乙烯就是加聚反应。加聚反应产物的元素组成与原料单体相同，仅结构不同，其相对分子质量是单体相对分子质量的整数倍。除了生成聚合物外，同时还有低分子副产物产生，这类聚合反应称为缩聚反应。如己二胺和己二酸反应生成尼龙-66 的为缩聚反应。缩聚反应的单体分子中都有官能团，根据单体官能团的不同，低分子副产物可能是水、醇、氨、氯化氢等。由于副产物的析出，缩聚物结构单元要比单体少若干原子，缩聚物的相对分子质量不是单体相对分子质量的整数倍。

在现代化学工业中，聚合反应的应用日益广泛。例如，在催化剂存在的条件下采用丁二烯聚合制造合成橡胶，高压、中压、低压聚乙烯的制造，聚丙烯及丙烯酸酯类高聚物的制造，聚氯乙烯的制造等。

（9）裂解反应

广义地说，凡是有机化合物在高温下分子发生分解的反应过程都称为裂解。而石油化工中所谓的裂解是指石油烃（裂解原料）在隔绝空气和高温条件下，分子发生分解反应而生成小分子烃类的过程。在这个过程中还伴随着许多其他反应（如缩合反应），生成一些其他反应物（如由较小分子的烃缩合成较大分子的烃）。

裂解在不同的情况可以有不同的名称。如单纯加热不使用催化剂的裂解称为热裂解；使用催化剂的裂解称为催化裂解；使用添加剂的裂解，因添加剂的不同，有水蒸气裂解、加氢裂解等。

石油化工中的裂解与石油炼制工业中的裂化有一定共同点，即都符合前述的广义定义。但是也有不同，主要区别有：一是所用的温度不同，一般以 600℃为分界，在 600℃以上所进行的过程为裂解，在 600℃以下的过程为裂化；二是目的产物不同，前者的目的产物为乙烯、丙烯、乙炔、联产丁二烯、苯、甲苯、二甲苯等化工产品，后者的目的产物是汽油、煤油等燃料油。

在石油化工中应用最广泛的是水蒸气热裂解，其设备为管式裂解炉。裂解反应在裂解炉的炉管内并在很高的温度（以轻柴油裂解制乙烯为例，裂解气的出口温度近 800℃）下以很短的时间（0.7 s）完成，以防止裂解气体二次反应而使裂解炉的炉管结焦。炉管内壁结焦会使流体阻力增加，影响生产。同时也会影响传热，当焦层达到一定厚度时，因炉管壁温度过高，而不能继续运行下去，必须进行清焦，否则会烧穿炉管，裂解气外泄，引起裂解炉爆炸。

（10）电解反应

① 电解反应及其特点：电流通过电解质溶液或熔融电解质时，在两个电极所引起的化学变化，称为电解。电解过程中能量变化的特征是电能转变为电解产物蕴藏的化学能。

电解在工业生产中有广泛的应用。许多有色金属（钠、钾、镁、铅等）和稀有金属（锆、铪等）的冶炼，金属铜、锌、铅等的精炼，许多基本化学工业产品（氢、氧、氯、烧碱、氯酸钾、过氧化氢等）的制备以及电镀、电抛光、阳极氧化等都是通过电解来实现的。

② 食盐电解生产工艺：食盐溶液电解是化学工业中最典型的电解反应之一。食盐水电解可以制得苛性钠、氯气、氢气等产品。目前采用的电解食盐水方法有隔膜法、水银法、离子交换电解法等。

首先溶解食盐，精制盐水，除去杂质，送电解工段。在向电解槽送电前，应先将电解槽按规定的液面高度注入盐水，此时盐水液面超过阴极室高度，整个阴极室浸在盐水中。通直流电后，带有负电荷的氯离子向石墨阳极运动，在阳极上放电后成为不带电荷的氯原子，并结合成为氯分子从盐水液面逸出而聚集于盐水上方的槽盖内，由氯气排出管排出，送往氯气干燥、压缩工段。带有正电荷的氢离子向铁丝网袋阴极运动，通过附在阴极网袋上的隔膜，在阴极铁丝网上放电后，成为不带电荷的氢原子，并结合成为氢分子而聚集于阴极空腔内，氢气由氢气排出管引出，送往氢气干燥、压缩工段。

立式隔膜电解槽生产的碱液约含碱 11%，而且含有氯化钠和大量的水。为此要经过蒸发浓缩工段将水分和食盐除掉，生成的浓碱液再经过熬制即得到固碱或加工成片碱。水银法生产的碱液浓度为 45%左右，可直接送往固碱工段。将浓熔融烧碱再进行电解可得到金属钠。

电解产生的氢气和氯气，由于含有大量的饱和水蒸气和氯化氢气体，对设备的腐蚀性很强，所以氯气要送往干燥工段经硫酸洗涤，除掉水分，然后送入氯气液化工段，以提高氯气的纯度，氢气经固碱干燥，压缩后送往使用单位。

（11）重氮化反应

重氮化是芳伯胺变为重氮盐的反应。通常把含芳胺的有机化合物在酸性介质中与亚硝酸钠作用，使其中的氨基（$—NH_2$）转变为重氮基（—N═N—），如二硝基重氮酚的制取等。

## 5.2　化学反应危险因素识别

化工工艺过程可分为三个阶段，分别是预处理阶段、反应阶段、后处理阶段。对于化学反应过程，我们要从以下几个方面进行危险因素识别：

① 物料分析：原料、辅料、催化剂、产品、副产品、中间体、中间产品等的闪点、爆炸上下限、毒性、物料纯度、燃爆性、气液固状态变化。

② 工艺过程：温度、压力、投料速率、物料配比、热效应、状态变化等。

③ 设备设施：主设备和辅助设备（加热设施、放空设施、压力容器、计量设施、储运设施等）。

④ 作业过程：投料、出料、取样、废物处理、应急处置、检维修等。

各类化学反应使用的物料见表 5-2。各类反应及其工艺特点见表 5-3。

表 5-2 各反应类型使用物料名称

| 反应类别 | 特征基团 | 物料 | 催化剂（示例） |
|---|---|---|---|
| 氧化 | —O | 有机物：甲苯<br>氧化剂：氧、高锰酸钾、过氧化氢、有机过氧化物 | Pd 络合物 |
| 卤化（氯化） | —Cl | 有机物：苯<br>卤化剂：氟、氯、溴、碘 | $FeCl_2$ |
| 硝化 | $—NO_2$ | 有机物：苯<br>硝化剂：浓硝酸、混酸（硝酸硫酸） | 硫酸（混酸） |
| 磺化 | $—SO_3$ | 有机物：苯、硝基苯、氯苯、十二烷基苯磺酸钠<br>磺化剂：发烟硫酸、氯磺酸、三氧化硫 | — |
| 烷基化 | —C—C— | 有机物：苯<br>烷基化物：烯烃、卤代烃、醇等 | 氯化铝、<br>三氯化磷 |
| 还原 | —H | 有机物：苯<br>还原剂：氢气、铁粉、锌粉、硼氢、氢化钠 | 雷尼镍、<br>钯炭 |

表 5-3 化学反应工艺特点

| 工艺类别 | 热效应 | 主要危险装置 | 主要危险因素 | 国家监管工艺 |
|---|---|---|---|---|
| 氧化 | 强放热 | 氧化反应釜 | 火灾、爆炸 | 是 |
| 卤化（氯化） | 放热 | 氯化反应釜、<br>氯气储运单元 | 中毒、爆炸 | 氯化是 |
| 硝化 | 放热 | 硝化反应釜、<br>分离单元 | 火灾、爆炸、强腐蚀性、强氧化性 | 是 |
| 磺化 | 放热 | 磺化反应釜 | 火灾或爆炸 | 是 |
| 烷基化 | 放热 | 烷基化反应釜 | 火灾或爆炸 | 是 |
| 重氮化 | 绝大多数是放热、部分吸热 | 重氮化反应釜、后处理单元 | 火灾或爆炸 | 是 |
| 加氢还原 | 放热 | 加氢反应釜、氢气压缩机 | 火灾、爆炸 | 是 |
| 电解（氯碱） | 吸热 | 电解槽、氢气和氯气储运单元 | 火灾、爆炸、中毒 | 氯碱工艺是 |
| 聚合 | 放热 | 聚合反应釜、<br>粉体聚合物料仓 | 自聚和火灾、爆炸 | 部分是 |
| 裂解 | 高温吸热反应 | 裂解炉、制冷系统、压缩机、<br>引风机、分离单元 | 自聚和火灾、爆炸 | 是 |

【例题】广州某公司拟建生产表面活性剂的工厂，该公司提供的主要化学反应如下：

（1）$S+O_2 \longrightarrow SO_2$　　　　$2SO_2+O_2 \longrightarrow 2SO_3$

（2）十二烷基苯 + $SO_3 \longrightarrow$ 十二烷基苯磺酸（$—SO_3H$）

（3）十二烷基苯磺酸 + NaOH ⟶ 十二烷基苯磺酸钠（—$SO_3Na$）

请从各方面分析该公司的主要危险有害因素。

**【复习题】**

1. 如何识别不同的化学反应工艺？
2. 化学反应过程安全分析的要点包括哪些方面？
3. 如何进行化学反应过程危险因素辨识？
4. 化学反应过程安全控制措施有哪些？
5. 国家重点监管的危险工艺的范围及其安全措施是什么？
6. 常见化学反应设施与安全生产的关系有哪些？

## 实训 9　化工工艺隐患辨识及安全措施制定

**【实训目的】**掌握化工工艺操作危险辨识的方法；掌握化工工艺操作安全技术措施的制定。

**【实训材料】**部分化工安全设施图（实训表格 15）；化工工艺课教材资料；《首批重点监管的危险化工工艺目录》、《首批重点监管的危险化工工艺安全控制要求、重点监控参数及推荐的控制方案》（安监总管三〔2009〕116 号）、《建筑设计防火规范（2018 年版）》（GB 50016—2014）；化工工艺危险有害因素辨识与安全技术措施制定导引表等。实训表格可扫描目录下二维码获得。

**【实训步骤】**化工生产过程涉及化工设备、工艺和物料及安全环境条件等，其危险有害因素辨识与安全技术措施的制定十分重要。通常，安全技术措施的制定建立在危险有害因素辨识的基础之上，而危险有害因素辨识一般从以下几个方面进行：① 从物料的角度分析物料的危险有害因素；② 从设备的角度分析设备的危险有害因素；③ 从工艺和工艺操作的角度分析其危险有害因素；④ 从作业环境的角度分析其危险有害因素。

1. 按表 5-4 示例，辨识化工设备中的安全设施与措施，填入实训表格 15；
2. 按表 5-5 的样式分析化工工艺的特点，填入实训表格 16～实训表格 19。
3. 根据所给厂房的尺寸及生产类别，计算该厂房应设置的泄压环境条件。

表 5-4 辨识图中的安全措施或设施（示例）

| 项目 | 安全措施或设施名称 | 图示 |
|---|---|---|
| 1 | 图中观察到的设施有：<br>1．热交换器进料罐<br>2．液位计<br>3．保温隔热层 |  |
| … | … | … |

表 5-5 危险有害因素辨识与安全技术措施制定导引表（示例）

| 序号 | 填写项目 | 填写内容 |
|---|---|---|
| 1 | 化学反应名称 | 氧化反应 |
| 2 | 特征基团 | —O— 或 ═O |
| 3 | 吸热或放热 | 放热 |
| 4 | 主要物料 | 有机物：如甲苯<br>氧化剂：氧、高锰酸钾、过氧化氢、有机过氧化物 |
| 5 | 危险特点 | 1．反应原料及产品具有燃爆危险性；<br>2．反应气相组成容易达到爆炸极限，具有闪爆危险；<br>3．部分氧化剂具有燃爆危险性，如氯酸钾、高锰酸钾、铬酸酐等，如遇高温、受撞击、摩擦以及与有机物、酸类接触，皆能引起火灾爆炸；<br>4．产物中易生成过氧化物，化学稳定性差，受高温、摩擦或撞击作用易分解、燃烧或爆炸 |
| 6 | 重点监控工艺参数 | 氧化反应釜内温度和压力；氧化反应釜内搅拌速率；氧化剂流量；反应物料的配比；气相氧含量；过氧化物含量等 |
| 7 | 安全控制措施 | 将氧化反应釜内温度、压力、反应物的配比和流量，氧化反应釜夹套冷却水进水阀，紧急冷却系统形成联锁关系。在氧化反应釜处设立紧急停车系统，当氧化反应釜内温度超标或搅拌系统发生故障时自动停止加料并紧急停车。配备安全阀、爆破片等安全设施 |

# 第 6 章　化工检修安全技术

## 6.1　检修安全管理

### 6.1.1　化工装置检修的分类与特点

化工生产具有高温、高压、腐蚀性强等特点，因而化工设备、管道、阀件、仪表等在运行中容易受到腐蚀和磨损。为了维持正常生产和减少非正常停车给生产造成的损失，必须加强对化工设备的维护、保养、检测和维修。

（1）装置检修的分类

计划检修（按计划进行的检修）。例如，通过备用设备的更替，来实现对故障设备的维修；根据设备的管理、使用经验和生产规律，制订设备的检修计划，按计划进行检修；根据检修内容、周期和要求的不同，计划检修可以分为小修、中修和大修。

非计划检修（突发性检修）。在生产过程中设备突然发生故障或事故，必须进行不停车或停车检修。这种检修事先难以预料，无法安排检修计划，而且要求检修时间短，检修质量高，其难度相当大。在目前的化工生产中，仍然是不可避免的。

（2）装置检修的特点

① 化工检修的频繁性。所谓频繁是指计划检修、非计划检修次数多。化工生产的复杂性，决定了化工设备及管道发生故障和事故的频繁性，因而造成了检修的频繁性。

② 化工检修的复杂性。生产中使用的设备、机械、仪表、管道、阀门等，种类多，数量大，结构和性能各异，这就要求从事检修的人员要具有丰富的知识和熟练的技术，熟悉和掌握不同设备的结构、性能和特点。检修中由于受到环境、气候、场地的限制，有时要进行露天作业，有时要在地坑中或井下作业，有时还要上、中、下立体交叉作业，这些因素都增加了化工检修的复杂性。

③ 化工检修的危险性。化工生产的危险性决定了化工检修的危险性。化工设备和管道中有很多残存的易燃易爆、有毒有害、有腐蚀性的物质，而检修又离不开动火、进罐作业，稍有疏忽就会发生火灾爆炸、中毒和灼伤等事故。统计资料表明，

国内外化工企业发生的事故中，停车检修作业或在运行中抢修作业中发生的事故占有相当大的比例。

### 6.1.2 生产装置检修的安全管理要求

（1）加强组织领导

成立检修指挥部，负责检修计划、调度、安排人力和物力、运输及安全工作。在各级指挥系统中建立由安全、人事、保卫、消防等部门负责人组成的安全保证体系。安全机构负责宣传、教育、检查、监督以及办理动火、受限空间作业、检修许可证等。

（2）制定检修方案

在检修计划中，根据生产工艺过程及公用工程之间的相互关联，规定各装置、工号先后停车的顺序；停料、停水、停气、停电的具体时间；灭火炬和点火炬的具体时间。还要明确规定各个装置、工号的检修时间、进度，以及开车顺序。安全措施必须与检修步骤同步。

（3）做好安全教育

教育对象包括检修人员、承包商队伍和人员及其他单位参加检修的人员。

安全教育内容包括检修的安全制度、检修现场必须遵守的安全规定（办理检修许可证及各种特种作业证的要求、安全检修十大禁令等）。要重点做好检修方案和技术交底工作，使教育对象明确检修内容、步骤、方法、质量标准、注意事项及存在的危险因素和必须采取的措施。

（4）停工检修有关规定

停工检修的有关规定有以下两个方面：

① 进入设备作业的有关规定：动火的有关规定；动土的有关规定；科学文明检修的有关规定。

② 检修现场的十大禁令：不戴安全帽、不穿工作服者禁止进入现场；穿凉鞋、高跟鞋者禁止进入现场；上班前饮酒者禁止进入现场；在作业中禁止打闹或其他有碍作业的行为；检修现场禁止吸烟；禁止用汽油或其他化工溶剂冲洗设备、机具和衣物；禁止随意泼洒油品、化学危险品、电石废渣等；禁止堵塞消防通道；禁止挪用或损坏消防工具和设备；禁止将现场器材挪作他用。

安全检查包括对检修项目的检查、检修所用机具的检查和检修现场的巡回检查。

检修项目，特别是重要的检修项目，在制定检修方案时，需同时制定安全技术措施。没有安全技术措施的项目，不准检修。

检修所用的机具，检查合格后由安全主管部门审查并发放合格证，贴在设备醒目处，以便安全检查人员现场检查。没有合格证的设备、机具不准进入检修现场和使用。

在检修过程中，要组织安全检查人员到现场巡回检查，检查各检修现场是否认真执行安全检修的各项规定，发现问题及时纠正、解决。如有严重违章者，安全检查员有权责令其停止作业。

## 6.2 装置停车的安全处理

### 6.2.1 停车前的准备工作

（1）编写好停车方案

停车方案主要内容应包括设定停车时间及步骤、制定设备管线倒空及吹扫置换流程登记表、绘制抽堵盲板位置图，并根据具体情况制定防堵、防冻、防凝措施。对每一个步骤都要明确规定具体时间、工艺条件变化幅度指标和安全检查内容，并设专人负责。

（2）做好检修期间的劳动组织及分工

根据装置的特点、检修工作量大小、停车时的季节及员工的技术水平，合理调配人员。要分工明确，任务到人，措施到位，防止忙乱出现漏洞。在检修期间，除派专人与施工单位配合检修外，各岗位、控制室均应有人值守。

（3）检查鉴定

装置停车初期，要组织技术水平高的有关人员对设备内部进行检查鉴定，以尽早提出新发现的检修项目，便于备料施工，消除设备内部缺陷，保证下个开工周期的安全生产。

进行停车检修前的安全检查，主要包括以下内容：

① 对设备检修作业用的脚手架、起重机械、电气焊用具、手持电动工具、扳手、管钳、锤子等各种工器具认真进行检查或检验，不符合安全作业要求的工器具一律不得使用。

② 对设备检修作业用的气体防护器材、消防器材、通信设备、照明设备等器材设备应专人检查，保证完好可靠，并合理放置。

③ 对设备检修现场的固定式钢直梯、固定式钢斜梯、固定式防护栏杆、固定式钢平台、箅子板、盖板等进行检查，确保安全可靠。

④ 对设备检修用的盲板应按规定逐个进行检查，高压盲板必须经探伤合格后方可使用。

⑤ 对设备检修现场的坑、井、洼、陡坡等应填平或铺设与地面平齐的盖板，也可设置围栏和警告标志，夜间应设警示红灯。

⑥ 对有化学腐蚀性介质或易对人员造成伤害介质的设备检修作业现场，应该有

作业人员在沾染污染物后可供冲洗的水源。

⑦ 需夜间检修的作业现场，应设有亮度足够的照明装置。

⑧ 需断电的设备，在检修前应切断电源，并经启动复查，确定无电后，在电源开关处挂上“禁止启动，有人作业”的安全标志并锁定。

（4）做好停车检修前的组织动员

在停车前要进行一次大检修的动员，使全体人员都明确检修的任务、进度，熟悉停开车方案，重温有关安全制度和规定，对照过去的经验教训，提出停车可能出现的问题，制定防范措施，进行事故预想，克服麻痹思想，为安全停车和检修打下扎实的基础。

安全教育内容主要包括：

① 检修作业现场和特殊作业环境下劳动保护用品的穿戴要求；

② 检修动火前周边环境的要求（易燃物的清除、灭火器材的准备、必备的标识等）；

③ 储存、输送可燃气体及易燃液体的罐点、容器及设备检修动火前浓度检测和检修动火作业的要求；

④ 装置检修完毕后与生产开车前的交接程序作业的要求等。

## 6.2.2 停车操作

按照停车方案确定的时间、步骤、工艺参数变化的幅度进行有秩序的停车。在停车操作中应注意以下事项。

① 系统卸压要缓慢，由高压降至低压，应注意压力不得降至零，更不能造成负压，一般要求系统内保持轻微正压，未做好卸压前不得拆动设备。

② 降温应按规定降温速度进行，保证达到规定要求。高温设备不能急剧降温，以免造成设备损伤，以切断热源后强制通风或自然冷却为宜，一般要求设备内介质温度降到 60℃以下，方可进行下一步操作。

③ 排净生产系统内储存的气体、液体、固体物料。设备及管道内的液体物料应尽可能倒空，送出装置。可燃、有毒气体应排至火炬烧掉。如果物料不能被完全排尽，应在“安全检修交接书”中详细记录，并进一步采取安全措施。排放残留物必须严格按规定地点和方法进行处理，不得随意放空或排入下水道，以免污染环境或发生事故。

停车操作期间，装置周围应杜绝一切火源。停车过程中，对发生的异常情况和处理方法，要随时做好记录。

④ 在停车过程中，把握好减量的速度，减量的速度不宜过快。

⑤ 加热炉的停炉操作，应按工艺规程中规定的降温曲线逐渐减少火嘴，并考虑各部位火嘴对炉膛降温的均匀性。

⑥ 高温真空设备的停车，必须待设备内的介质温度降到自燃点以下，方可与大气相通，以防空气进入引起介质的燃爆。

### 6.2.3　停车后的安全处理

化工安全检修开始前，一般都需要做好可靠隔离、中和置换、吹扫等工作。这些作业不仅本身具有危险性，而且作业质量的好坏直接影响检修的安全与否，因此必须高度重视、认真对待、周密考虑，制定相应处理方案，组织力量，落实安全措施，确保作业安全，为检修作业中动火、罐内作业等创造一个安全、卫生的工作环境。

（1）抽堵盲板

停车检修的设备必须与运行系统或有物料系统进行隔离，这是化工安全检修必须遵循的安全规定之一。检修中由于没有隔离措施或隔离措施不符合安全要求，致使运行系统内的有毒、易燃、腐蚀、高温等介质进入检修设备造成的重大事故屡见不鲜，教训十分深刻。

检修设备和运行系统隔离的最保险的办法是将与检修设备相连的管道、管道上的阀门、伸缩接头等可拆部分拆下，然后在管路侧的法兰上装置盲板。如果无可拆卸部分或拆卸十分困难，则应在和检修设备相连的管道法兰接头之间插入盲板。有些管道短时间（不超过 8 h）的检修动火可用水封切断可燃气体气源，但必须有专人在现场监视水封溢流管的溢流情况，防止水封中断。

抽堵盲板属于危险作业，应办理相应作业证的审批申请，并指定专人负责制定作业方案和检查落实相应的安全措施。作业前安全负责人应带领操作、监护等人员查看现场，交代作业程序和安全事项。除此之外，抽堵盲板从安全上应做好以下几项工作：

① 制作盲板。根据阀门或管道的口径制作合适的盲板，盲板必须保证能承受运行系统管路的工作压力。介质为易燃易爆物质时，盲板不得用破裂时会产生火花的材料制作。盲板应有大的突耳，并涂上特别的色彩，使插入的盲板一目了然。按管道内介质的腐蚀特性、压力、温度选用合适的材料做垫片。

② 现场管理。介质为易燃易爆物质时，抽堵盲板作业点周围 25 m 范围内不准用火，作业过程中指派专人巡回检查，必要时应当停止下风侧的其他工作；与作业无关的人员必须离开作业现场；室内进行抽堵盲板作业时，必须打开门窗或用符合安全要求的通风设备强制通风；作业现场应有足够的照明，管内是易燃易爆介质，采用行灯照明时，则必须采用电压小于 36 V 的防爆灯；在高空从事抽堵盲板作业时，事前应搭好脚手架，并经专人检查，确认安全可靠方可登高抽堵。

③ 泄压排尽。抽堵盲板前应仔细检查管道和检修设备内的压力是否已经降下，余液（如酸、碱、热水等）是否已经排尽。一般要求管道内介质温度小于 60℃；介

质的压力，煤气类小于 200 mmHg（1 mmHg=133.32 Pa），氨气等刺激性物质压力小于 50 mmHg，符合上述要求后再进行抽堵盲板作业。若温度、压力超过上述规定，应有特殊的安全措施，并办理特殊的审批手续。

④ 器具和监护。抽堵可燃介质的盲板时，应使用铜质或其他撞击时不产生火花的工具。若必须用铁质工具时，应在其接触面上涂以石墨、黄油等不产生火花的介质。高处抽堵盲板，作业人员应戴安全帽，系安全带。参加抽堵盲板作业的人员必须是经过专门训练、持有《安全技术合格证》的人员。作业时一般应戴好隔离式防毒面具，并应站在上风向。抽堵盲板作业应有专人监护，危险性大的作业应由气体防护站或安全技术部门派两人以上负责监护，设有气体防护站或保健站的企业，应有医务人员、救护车等在现场。抽堵盲板时连续作业时间不宜过长，一般控制在 30 min 之内，超过 30 min 应轮换休息一次。

⑤ 登记核查。抽堵盲板应有专人负责做好登记核查工作。堵上的盲板应一一登记，记录地点、时间、作业人员姓名、盲板数量；抽去盲板时，也应逐一记录，对照抽堵盲板方案核查，防止漏堵；检修结束时，对照方案核查，防止漏抽。漏堵将导致检修作业中发生事故，漏抽将造成试车或投产时发生事故。

（2）置换作业

为保证检修动火和罐内作业的安全，设备检修前内部的易燃、有毒气体应进行置换，酸、碱等腐蚀性液体应该中和，经酸洗或碱洗后的设备为保证罐内作业安全和防止设备腐蚀也应进行中和处理。

易燃、有毒、有害气体的置换，大多采用蒸汽、氮气等气体作为置换介质，也可采用注水排气法将易燃、有毒气体压出，达到置换要求。设备经置换介质置换后，若需要进入其内部工作，则事先必须用空气置换其中的置换介质，以防窒息。置换作业的安全注意事项如下：

① 可靠隔离。被置换的设备、管道与运行系统相连处，除了关紧连接阀门外还应加上盲板，达到可靠隔离要求，并泄压和排放余液。置换作业一般应在抽堵盲板之后进行。

② 制定方案。置换前应制定置换方案，绘制置换流程图。根据置换和被置换介质密度不同，选择置换介质进入点和被置换介质的排出点，确定取样分析部位，以免遗漏，防止出现死角。若置换介质的密度大于被置换介质的密度，应由设备或管道的最低点送入置换介质，由最高点排出被置换介质，取样点宜放在顶部位置及易产生死角的部位；反之，置换介质的密度比被置换介质小时，从设备最高点送入置换介质，由最低点排出被置换介质，取样点应放在设备的底部位置和可能成为死角的位置。

③ 置换要求。用注水排气法置换气体时，一定要保证设备内被水充满，所有被置换气体被全部排出。故一般应在设备顶部最高位置的接管口有水溢出，外溢一段

时间后，方可动火。严禁注水未满的情况下动火，注水未满使设备顶部聚集可燃性混合气体，一遇火种便会发生爆炸事故，造成重大伤亡。

用惰性气体置换时，排出设备内部的易燃、有毒气体，除合理选择排出点位置外，还应将排出气体引至安全的场所。所需的惰性气体量一般为被置换介质容积的3 倍以上。被置换介质若有易滞留的性质或者其密度和置换介质相近时，还应注意防止置换不彻底或者两种介质相混合的可能。因此，置换作业是否符合安全要求，不能根据置换时间的长短或置换介质用量，而是应以气体分析化验是否合格为准。

④ 取样分析。在置换过程中应按照置换流程图上标明的取样分析点取样分析，一般取自置换系统的终点和易形成死角的部位附近。

（3）吹扫和清洗

对可能积附易燃、有毒介质残渣、油垢或沉积物的设备，这些杂质用置换方法一般是清除不尽的，故经气体置换后还应进行吹扫和清洗。因为这些杂质在低温时可能不分解、不挥发，在取样分析时符合动火要求或卫生要求，但当动火时，遇到高温，这些杂质或迅速分解或很快挥发，使空气中可燃物质或有毒物质浓度大大增加而发生爆炸燃烧事故或中毒事故。

① 扫线。检修设备和管道内的易燃、有毒的液体一般用扫线的方法来清除，扫线的介质通常用蒸汽。但对有些介质的扫线，如液氯系统中含有三氯化氮残渣的是不准用蒸汽扫线的。

扫线作业和置换一样，事先应制定扫线方案，绘制扫线流程图，填写扫线登记表，在流程图和登记表中标注和写明扫线的简要流程、管号、设备编号、吹汽压力、起止时间、进汽点、排放点、排污去路、扫线负责人和安全事项，并办理审批手续。进行扫线作业，注意以下几点。

a. 扫线时要集中用汽，逐根管道地清扫，扫线时间到了规定要求时，先关阀，后停汽，防止管路系统介质倒回。

b. 塔、釜、热交换器及其他设备，在吹汽扫线时，要选择最低部位排放，防止出现死角和吹扫不清。

c. 设备和管线扫线结束并分析合格后，有的应加盲板以和运行系统隔离。

d. 扫线结束应对下水道、阴井、地沟等进行清洗。对阴井的处理应从靠近扫线排放点处开始逐个顺序清洗，全部清洗合格后，采取措施密封。地面、设备表面或操作平台上积附的油垢和易燃物也应清洗干净。

e. 经扫线后的设备或管道内若仍留有残渣、油垢，则还应清扫或清洗。

② 清扫和清洗。置换和扫线无法清除的沉积物，利用蒸汽、热水或碱液等物质采用蒸煮、溶解、中和等方法将沉积的可燃、有毒物质清除干净。清扫和清洗的方法及安全注意事项如下：

a. 人工揩擦或铲刮。对某些设备内部的沉积物可用人工揩擦或铲刮的方法予以清除。进行此项作业时，设备应符合罐内作业安全规定。若沉积物是可燃物或是酸性容器壁上的污物和残酸，则应用木质、铜质、铝质等不产生火花的铲、刷、钩等工具进行作业；若是有毒的沉积物，应做好个人防护，必要时戴上防毒面具。铲刮下来的沉积物应及时清扫并妥善处理。

b. 用蒸汽或高压热水清扫。油罐的清扫通常用蒸汽或高压热水喷射的方法清洗罐壁上的沉积物，但必须防止静电火花引起燃烧、爆炸。采用的蒸汽一般宜用低压饱和蒸汽，蒸汽和高压热水管道应用导线和槽罐连接起来并接地。用蒸汽或热水清扫后，入罐前应让其充分冷却，防止烫伤。油类设备管道的清洗可以用氢氧化钠溶液，用量为 1 kg 水加入 80～120 g 氢氧化钠，用此浓度的碱液清洗几遍或通入蒸汽煮沸，然后将碱液放掉，再用清水洗涤。溶解固体氢氧化钠时，应将碱片或碱碎块分批多次逐渐加入清水中，同时缓慢搅动，待全部碱块均溶解后，方可通蒸汽煮沸。绝不能先将碎碱块放入设备或管道内，然后加入清水，尤其是温水或热水。这是因为碱块在溶解时会释放大量热量，使碱液涌出或溅出设备、管道外，易造成灼伤事故。通蒸汽煮沸时，出汽管管端应伸至液体的底部，防止通入蒸汽时将碱液吹溅出来。对汽油一类的油类容器，可以用蒸汽吹洗，2 000 L 以内的汽油容器，吹洗时间不得少于 2 h。没有蒸汽源时，容量小的汽油桶可以用加水煮沸的方法清洗，即注入相当于容积的 80%～90%的水，开启盖子再煮沸 3 h。

c. 化学清洗。为检修安全和防止设备的腐蚀、过热，设备或管道内的泥垢、油污、水垢和铁锈等沉积物、附着物可用化学清洗的方法除去。

常用的有碱洗法，如油类容器用氢氧化钠溶液清洗。除用氢氧化钠溶液外，还有用磷酸苏打、碳酸苏打内加入适量的表面活性剂，并在适当温度下对设备进行循环清洗处理。酸洗法常采用盐酸加抑制剂（缓蚀剂）等试剂。对奥氏体不锈钢或其他合金钢，往往采用柠檬酸等有机酸清洗。采用柠檬酸清洗的优点是对氧化铁鳞片的溶解力大，不含氯离子，不会产生应力腐蚀，对材料无危害性，即使残留在设备内，高温下也会分解为二氧化碳和水。另外还有碱洗和酸洗交替使用等方法。

采用化学清洗后的废液应予以处理方可排放。一般对废液进行稀释沉淀、过滤等操作，使污染物浓度降低到排放标准后再排放；采用化学药品，通过中和、氧化、还原、凝聚、吸附以及离子交换等方法把酸性或碱性废液处理至符合排放标准后再排放，或排入全厂性的污水处理系统，统一处理后排放。

（4）停车

其他安全注意事项参考停车方案。完成装置的停车、倒空物料、中和、置换、清洗和可靠的隔离等工作后，装置停车即告完成。在转入装置检修之前，还应对地面、明沟内的油垢进行处理，封闭整套装置的下水井盖和地漏，不仅防止下水道系统有易燃易爆气体外逸，也防止检修中有火花落入下水道中。

有传动设备或其他有电源的设备，检修前必须切断一切电源，并在开关处挂上标志牌，以防有人将其启动，造成检修人员伤亡。

对要实施检修的区域或重要部位，应设置安全界标或栅栏，并有专人负责监护。

操作人员与检修人员要做好交接和配合。设备停车并经操作人员进行物料倒空、吹扫等处理后，经分析合格方可交检修人员进行检修。在检修过程中，检修人员进行动火、动土、罐内作业时操作人员要积极配合。

### 6.2.4 装置环境安全标准

根据《化学品生产单位受限空间作业安全规范》（AQ 3028—2008）、《化学品生产单位动火作业安全规范》（AQ 3022—2008）进行化工检修作业时，需要遵循以下规定：

① 在设备内检修、动火时，氧含量应为18%～21%，燃烧爆炸物质浓度应低于安全值，有毒有害物质浓度应低于最高允许浓度。

② 设备外壁检修、动火时，设备内部的可燃气体含量应低于安全值。

③ 检修场地水井、地沟应清理干净，加盖砂封，设备管道内无余压，无灼烫物、沉淀物。

④ 设备、管道物料排空后，加水冲洗，再用氮气、空气置换至设备内可燃物含量合格，氧含量为18%～21%。

## 6.3 化工检修安全作业

### 6.3.1 检修作业证制度

化工生产装置停车检修时，尽管经过全面吹扫、蒸煮水洗、置换、抽加盲板等工作，但检修前仍需对装置系统内部进行取样分析、测爆，进一步核实空气中可燃或有毒物质是否符合安全标准，认真执行安全检修票证制度。

安全作业证一式三联，其持有和存档部门（人）如表6-1所示。安全作业证应至少保存一年。

表6-1 安全作业证持有及保存的内容

| 安全作业证种类 | | 持有及保存情况 | | |
|---|---|---|---|---|
| | | 第一联 | 第二联 | 第三联（存档） |
| 动火作业证 | 一级和特殊动火 | 动火点所在车间（监火） | 动火人 | 安全管理部门 |
| | 二级动火 | 动火点所在车间操作岗位（监火） | 动火人 | 生产车间 |

| 安全作业证种类 | 持有及保存情况 | | |
|---|---|---|---|
| | 第一联 | 第二联 | 第三联（存档） |
| 受限空间作业证 | 作业负责人 | 监护人 | 受限空间所在单位 |
| 盲板抽堵作业证 | 作业单位 | 生产车间（分厂） | |
| 高处作业证 | 作业人员 | 作业负责人 | 设备管理部门 |
| 吊装作业证 | 吊装指挥 | 施工单位 | 设备管理部门 |
| 临时用电作业证 | 作业单位（作业时）、配送电单位（作业结束后注销） | 配送电单位 | 动力部门 |
| 动土作业证 | 现场作业人员 | 动土申请单位 | 审批部门 |
| 断路作业证 | 作业单位 | 断路申请单位 | 审批部门 |

## 6.3.2 检修作业类型

化学品生产单位设备检修过程中可能涉及的动火、进入受限空间、盲板抽堵、高处作业、吊装、临时用电、动土、断路等，对操作者本人、他人及周围建（构）筑物、设备、设施的安全可能造成危害的作业。

2008 年 11 月 19 日，国家安全生产监督管理总局发布了《化学品生产单位动火作业安全规范》（AQ 3022—2008）、《化学品生产单位受限空间作业安全规范》（AQ 3028—2008）、《化学品生产单位盲板抽堵作业安全规范》（AQ 3027—2008）、《化学品生产单位高处作业安全规范》（AQ 3025—2008）、《化学品生产单位吊装作业安全规范》（AQ 3021—2008）、《化学品生产单位断路作业安全规范》（AQ 3024—2008）、《化学品生产单位动土作业安全规范》（AQ 3023—2008）。2014 年 7 月 24 日，国家质量监督检验检疫总局和国家标准化管理委员会发布了《化学品生产单位特殊作业安全规范》（GB 30871—2014）。这些标准为化工厂的安全作业提供了切实可行的技术程序。

## 6.3.3 动火作业

### 6.3.3.1 动火作业的定义

直接或间接产生明火的工艺设备以外的，在具有火灾爆炸危险场所内进行的，可能产生火焰、火花或炽热表面的非常规作业，如使用电焊、气焊（割）、喷灯、电钻、砂轮等进行的作业。

### 6.3.3.2 作业分级

固定动火区外的动火作业一般分为特殊动火、一级动火、二级动火三个级别，遇节日、假日或其他特殊情况，动火作业应升级管理。企业应划定固定动火区及禁火区。

特殊动火作业：在生产运行状态下的易燃易爆生产装置、输送管道、储罐、容器等部位及其他特殊危险场所进行的动火作业。带压不置换动火作业按特殊动火作业管理。

一级动火作业：在易燃易爆场所进行的除特殊动火作业以外的动火作业。厂区管廊上的动火作业按一级动火作业管理。

二级动火作业：除特殊动火作业和一级动火作业以外的动火作业。凡生产装置或系统全部停车，装置经清洗、置换、分析合格并采取安全隔离措施后，可根据其火灾、爆炸危险性大小，经所在单位安全管理部门批准，按二级动火作业管理。

#### 6.3.3.3　动火作业证管理

特殊动火、一级动火、二级动火的动火作业证应以明显标记加以区分。

办证人须按动火作业证的项目逐项填写，不得空项；根据动火等级，按规定的审批权限进行办理。

办理好动火作业证后，动火作业负责人应到现场检查动火作业安全措施落实情况，确认安全措施可靠并向动火人和监火人交代安全注意事项后，方可批准开始作业。

动火作业证实行“一个动火点、一张动火作业证”的动火作业管理。

动火作业证不得随意涂改和转让，不得异地使用或扩大使用范围。

动火作业证一式三联，二级动火由动火生产车间、动火人和动火点所在车间操作岗位各持一份存查；一级和特殊动火作业证由动火点所在车间负责人（监火）、动火人和安全管理部门各持一份存查；作业证保存期限至少为 1 年。

特殊动火作业的作业证由主管厂长或总工程师审批。一级动火作业的作业证由主管安全（防火）部门审批。二级动火作业的作业证由动火点所在车间主管负责人审批。

特殊动火作业和一级动火作业的作业证有效期不超过 8 h。

二级动火作业的作业证有效期不超过 72 h，每日动火前应进行动火分析。

动火作业超过有效期限，应重新办理作业证。动火作业证样式如表 6-2 所示。

表 6-2 动火作业证样式

| | | | | | |
|---|---|---|---|---|---|
| 申请单位 | | 申请人 | | 作业证编号 | |
| 动火作业级别 | | 动火方式 | | | |
| 动火地点 | | | | | |
| 动火时间 | 自 年 月 日 时 分始至 年 月 日 时 分止 | | | | |
| 动火作业负责人 | | 动火人 | | | |
| 动火分析时间 | 年 月 日 时 | 年 月 日 时 | 年 月 日 时 | | |
| 分析点名称 | | | | | |
| 分析数据 | | | | | |
| 分析人 | | | | | |
| 涉及的其他特殊作业 | | | | | |
| 危害辨识 | | | | | |

| 序号 | 安全措施 | 确认人 |
|---|---|---|
| 1 | 动火设备内部构件清理干净，蒸汽吹扫或水洗合格，达到用火条件 | |
| 2 | 断开与动火设备相连接的所有管线，加盲板（ ）块 | |
| 3 | 动火点周围的下水井、地漏、地沟、电缆沟等已清除易燃物，并已采取覆盖、铺沙、水封等手段进行隔离 | |
| 4 | 罐区内动火点同一围堰和防火间距内的油罐不同时进行脱水作业 | |
| 5 | 高处作业已采取防火花飞溅措施 | |
| 6 | 动火点周围易燃物已清除 | |
| 7 | 电焊回路线已接在焊件上，把线未穿过下水井与其他设备搭接 | |
| 8 | 乙炔气瓶（直立放置）、氧气瓶与火源间的距离大于 10 m | |
| 9 | 现场配备消防蒸汽带（ ）根，灭火器（ ）台，铁锹（ ）把，石棉布（ ）块 | |
| 10 | 其他安全措施：<br>编制人： | |

| | | | | | |
|---|---|---|---|---|---|
| 生产单位负责人 | | 监火人 | | 动火初审人 | |
| 实施安全教育人 | | | | | |
| 申请单位意见 | | 签字： | 年 月 日 时 分 | | |
| 安全管理部门意见 | | 签字： | 年 月 日 时 分 | | |
| 动火审批人意见 | | 签字： | 年 月 日 时 分 | | |
| 动火前，岗位当班班长验票 | | 签字： | 年 月 日 时 分 | | |
| 完工验收 | | 签字： | 年 月 日 时 分 | | |

#### 6.3.3.4 动火作业风险分析

动火作业风险分析及应采取的安全措施如表6-3所示。

表6-3 动火作业风险分析

| 序号 | 风险分析 | 安全措施 |
|---|---|---|
| 1 | 易燃易爆有害物质 | ① 将动火设备、管道内的物料清洗、置换，经分析达到合格标准。<br>② 储罐动火，清除易燃物，罐内盛满清水或惰性气体保护。<br>③ 设备内通气（氮气、水蒸气）保护。<br>④ 塔内动火，将石棉布浸湿，铺在相邻两层塔盘上进行隔离。<br>⑤ 进入受限空间动火，必须办理受限空间作业证 |
| 2 | 火星窜入其他设备或易燃物侵入动火设备 | 切断与动火设备相连通的设备管道并加盲板隔断，挂牌，并办理盲板抽堵作业证 |
| 3 | 动火点周围有易燃物 | ① 清除动火点周围易燃物，动火点附近的下水井、地漏、地沟、电缆沟等清除易燃物后关闭。<br>② 电缆沟动火，清除沟内易燃气体、液体，必要时将沟两端隔离 |
| 4 | 泄漏电流（感应电） | 电焊回路线应搭接在焊件上，不得与其他设备搭接，禁止穿越下水道（井） |
| 5 | 火星飞溅 | ① 高处动火办理高处作业证，并采取措施，防止火星飞溅。<br>② 注意火星飞溅方向，用水冲淋火星落点 |
| 6 | 气瓶间距不足或放置不当 | 氧气瓶、溶解乙炔气瓶间距不小于5 m，二者与动火点之间均不小于10 m |
| 7 | 电、气焊工具有缺陷 | 动火作业前，应检查电、气焊工具，保证安全可靠，不准带病使用 |
| 8 | 作业过程中，易燃物外泄 | 动火过程中，遇有跑料、串料和易燃气体，应立即停止动火 |
| 9 | 通风不良 | 室内动火，应将门窗打开，周围设备应遮盖，密封下水漏斗，清除油污，附近不得有用溶剂等易燃物质的清洗作业 |
| 10 | 未定时监测 | ① 取样与动火间隔不得超过30 min，如现场条件不允许，间隔时间可适当放宽，但不应超过60 min。<br>②作业时间超过60 min的，应重新分析。每日动火前均应进行动火分析。特殊动火作业期间应随时进行监测。<br>③选取采样点应有代表性，特殊动火的分析样品应保留至动火结束。<br>④ 动火过程中，中断动火时，现场不得留有余火，重新动火前应认真检查现场条件是否有变化，如有变化，不得动火 |
| 11 | 监护不当 | ① 监火人应熟悉现场环境和检查确认安全措施落实到位，具备相关安全知识和应急技能，与岗位人员保持联系，随时掌握工况变化，并坚守现场。<br>② 监火人随时扑灭飞溅的火花，发现异常立即通知动火人停止作业，联系有关人员采取措施 |
| 12 | 应急设施不足或措施不当 | ① 动火现场备有灭火工具（如蒸汽管、水管、灭火器、沙子、铁锹等）。<br>② 固定泡沫灭火系统进入预启动状态 |

| 序号 | 风险分析 | 安全措施 |
| --- | --- | --- |
| 13 | 涉及危险作业组合，未落实相应安全措施 | 若涉及下釜、高处、抽堵盲板、管道设备检修作业等危险作业时，应同时办理相关作业证 |
| 14 | 施工条件发生重大变化 | 若施工条件发生重大变化，应重新办理动火作业证 |

#### 6.3.3.5 动火分析及合格标准

（1）作业前进行动火分析的要求

① 动火分析的监测点要有代表性，在较大的设备内动火，应对上、中、下各部位进行监测分析；在较长的物料管线上动火，应在彻底隔绝区域内分段分析。

② 在设备外部动火，应在不小于动火点 10 m 范围内进行动火分析。

③ 动火分析与动火作业间隔一般不超过 30 min，如现场条件不允许，间隔时间可适当放宽，但不应超过 60 min。

④ 作业中断时间超过 60 min，应重新分析。每日动火前均应进行动火分析。特殊动火作业期间应随时进行监测。

⑤ 使用便携式可燃气体检测仪或其他类似手段进行分析时，检测设备应经标准气体样品标定合格。

（2）动火分析合格标准

① 当被测气体或蒸气的爆炸下限不小于 4%时，其被测浓度应不大于 0.5%（体积分数）。

② 当被测气体或蒸气的爆炸下限小于 4%时，其被测浓度应不大于 0.2%（体积分数）。

#### 6.3.3.6 作业安全要求

① 动火作业应有专人监火，作业前应清除动火现场及周围的易燃物品，或采取其他有效安全防火措施，并配备消防器材，满足作业现场应急需求。

② 动火点周围或其下方的地面如有可燃物、空洞、窨井、地沟、水封等，应检查分析并采取清理或封盖等措施；对于动火点周围有可能泄漏易燃、可燃物料的设备，应采取隔离措施。

③ 凡在盛有或盛装过危险化学品的设备、管道等生产、储存设施及处于 GB 50016、GB 50160、GB 50074 规定的甲、乙类区域的生产设备上动火作业，应将其与生产系统彻底隔离，并进行清洗、置换，分析合格后方可作业；因条件限制无法进行清洗、置换而确需动火作业时按特殊动火规定执行。

④ 拆除管线进行动火作业时，应先查明其内部介质及其走向，并根据所要拆除

管线的情况制定安全防火措施。

⑤ 在有可燃物构件和使用可燃物做防腐内衬的设备内部进行动火作业时，应采取防火隔绝措施。

⑥ 在生产、使用、储存氧气的设备上进行动火作业时，设备内氧含量不应超过 23.5%。

⑦ 动火期间距动火点 30 m 内不应排放可燃气体；距动火点 15 m 内不应排放可燃液体；在动火点 10 m 范围内及动火点下方不应同时进行可燃溶剂清洗或喷漆等作业。

⑧ 铁路沿线 25 m 以内的动火作业，如遇装有危险化学品的火车通过或停留时，应立即停止。

⑨ 使用气焊、气割动火作业时，乙炔瓶应直立放置，氧气瓶与之间距不应小于 5 m，二者与作业地点间距不应小于 10 m，并应设置防晒设施。

⑩ 作业完毕应清理现场，确认无残留火种后方可离开。

⑪ 5 级风以上（含 5 级）天气，原则上禁止露天动火作业。因生产确需动火，动火作业应升级管理。

#### 6.3.3.7　特殊动火作业要求

特殊动火作业在符合一级和二级动火作业规定的同时，还应符合以下规定：

① 在生产不稳定的情况下不应进行带压不置换动火作业。

② 应预先制定作业方案，落实安全防火措施，必要时可请专职消防队到现场监护。

③ 动火点所在的生产车间（分厂）应预先通知工厂生产调度部门及有关单位，使之在异常情况下能及时采取相应的应急措施。

④ 应在正压条件下进行作业。

⑤ 应保持作业现场通排风良好。

#### 6.3.3.8　动火作业事故案例

2016 年 4 月 23 日，位于佛山市南海区里水湖州工业区的佛山市南海铭通沥青混凝土有限公司发生一起较大爆炸火灾事故，造成 4 人死亡、1 人受伤，直接经济损失 797 万元。

（1）事故发生经过

铭通公司因生产需要，决定用 2 个新的立式柴油罐（容积分别为 28.9 $m^3$ 和 24.5 $m^3$，以下分别简称 2 号罐和 3 号罐）替换原有的生产用燃料柴油罐（实际储存柴油约 7 t、8.3 $m^3$，以下简称 1 号罐）。2016 年 4 月 23 日，铭通公司生产主管黄某安排工人进行柴油罐更换工作。13：00 左右，现场已安装好 2 号罐，并开始将 1 号罐内的柴油通过潜水泵抽到2号罐中。15: 00，现场作业人员开始用吊机及铲车将1号罐运出作业现场。15: 10，现场作业人员开始吊装3号罐。维修工黄某在其他人员的配合下，开始用电焊机进行管道焊接及其他工作。17: 00 左右，部分工人正常下班，留下3人（生产主管黄某、维修工黄某、材料员黄某）继续加班工作，并在此期间使用电焊作业。18: 01，突发爆炸，引发大火，造成现场作业的3人及前去帮忙的地磅工李某共4人死亡（尸检报告显示4人均“符合生前烧死征象”），附近的保安黄某受伤，车间厂房损坏，车间内的导热油炉（锅炉）、沥青摊布车、卧式沥青罐等设备严重受损，2号罐罐体被炸飞71 m，并坠落至南侧相邻的佛山市南海区水电灰砂砖厂内。

（2）事故直接原因

铭通公司生产主管黄某违规指挥不具备电焊作业操作资格的维修工黄某在柴油储罐顶部进行电焊作业，其间电焊火花飞溅进入相邻储存有柴油的储罐内部，引起柴油罐内爆炸性混合气体发生爆炸，并引发现场可燃物燃烧。

发生爆炸的柴油罐是铭通公司准备投入使用的锅炉燃料油供应源（原符合有机热载体炉工艺流程的日用轻油箱已被铭通公司擅自拆除），但是该公司未聘请有资质的单位进行改造，在自行改造过程中发生事故。

铭通公司的锅炉2014年5月22日通过定期检验，2015年5月22日检验合格有效期届满，依法应在有效期届满前1个月向特种设备检验检测机构提出定期检验要求，但是该公司未依法提出定期检验要求，直到事故发生，该公司的特种设备依然未经定期检验。

铭通公司涉及使用锅炉，不仅没有专门配备锅炉特种设备作业人员，也没有对特种锅炉设备实施每月自行检查制度；生产厂区的建筑只取得临时规划许可且已过有效期；违法在河堤上加建办公用房以及堆放砂石物料；未建立和落实动火作业制度；生产主管黄某（死者）作为安全管理责任人，使用无焊工证人员在危险场所进行电焊作业，存在违章指挥工人进行危险作业的行为；公司未按要求组织员工进行安全生产培训，员工缺乏必要的安全生产知识；长期使用危险物品柴油作为燃料，并且未建立危险物品专门安全管理制度等。

## 6.3.4 受限空间作业

### 6.3.4.1 受限空间作业定义

受限空间是指进出口受限，通风不良，可能存在易燃易爆、有毒有害物质或缺氧的空间，以及对进入空间的人员的身体健康和生命安全构成威胁的封闭、半封闭设施及场所，如反应器、塔、釜、槽、罐、炉膛、锅筒、管道以及地下室、窨井、坑（池）、下水道或其他封闭、半封闭场所。受限空间作业是指进入或探入受限空间进行的作业。

#### 6.3.4.2　受限空间作业证管理

受限空间作业证由作业单位负责办理。所列项目应逐项填写，安全措施栏应填写具体的安全措施。

受限空间作业证应由受限空间所在单位负责人审批。

一处受限空间、同一作业内容办理一张作业证，当受限空间工艺条件、作业环境改变时，应重新办理作业证。

作业证一式三联，一、二联分别由作业负责人、监护人持有，第三联由受限空间所在单位存查，作业证保存期限至少为 1 年。作业证样式如表 6-4 所示。

**表 6-4　受限空间作业证样式**

<table>
<tr><td>申请单位</td><td colspan="2"></td><td>申请人</td><td></td><td colspan="2">作业证编号</td><td></td></tr>
<tr><td>受限空间所属单位</td><td colspan="2"></td><td colspan="3">受限空间名称</td><td colspan="2"></td></tr>
<tr><td>作业内容</td><td colspan="2"></td><td colspan="3">受限空间内原有介质名称</td><td colspan="2"></td></tr>
<tr><td>作业时间</td><td colspan="7">自　　年　月　日　时　分始至　　年　月　日　时　分止</td></tr>
<tr><td>作业单位负责人</td><td colspan="7"></td></tr>
<tr><td>监护人</td><td colspan="7"></td></tr>
<tr><td>作业人</td><td colspan="7"></td></tr>
<tr><td>涉及的其他特殊作业</td><td colspan="7"></td></tr>
<tr><td>危害辨识</td><td colspan="7"></td></tr>
<tr><td rowspan="6">分析</td><td>分析项目</td><td>有毒有害介质</td><td>可燃气</td><td>氧含量</td><td rowspan="2">时间</td><td rowspan="2">部位</td><td rowspan="2">分析人</td></tr>
<tr><td>分析标准</td><td></td><td></td><td></td></tr>
<tr><td rowspan="4">分析数据</td><td></td><td></td><td></td><td></td><td></td><td></td></tr>
<tr><td></td><td></td><td></td><td></td><td></td><td></td></tr>
<tr><td></td><td></td><td></td><td></td><td></td><td></td></tr>
<tr><td></td><td></td><td></td><td></td><td></td><td></td></tr>
</table>

| 序号 | 安全措施 | 确认人 |
|---|---|---|
| 1 | 对进入受限空间的危险性进行分析 | |
| 2 | 所有与受限空间有联系的阀门、管线加盲板隔离，列出盲板清单，落实抽堵盲板责任人 | |
| 3 | 设备经过置换、吹扫、蒸煮 | |
| 4 | 设备打开通风孔进行自然通风，温度适宜人员作业；必要时采用强制通风或佩戴空气呼吸器，不能用通氧气或富氧空气的方法补充氧 | |
| 5 | 对相关设备进行处理时，确认带搅拌机的设备已切断电源，电源开关处加锁或挂“禁止合闸”警示牌，设专人监护 | |

| 序号 | 安全措施 | | | 确认人 |
|---|---|---|---|---|
| 6 | 检查受限空间内部已具备的作业条件，清罐时（无须用/已采用）防爆工具 | | | |
| 7 | 检查受限空间进出口通道，无阻碍人员进出的障碍物 | | | |
| 8 | 分析盛装过可燃、有毒有害液体、气体的受限空间内的可燃、有毒有害气体含量 | | | |
| 9 | 作业人员清楚受限空间内存在的其他危险因素，如内部附件、集渣坑等 | | | |
| 10 | 作业监护措施：消防器材（　）、救生绳（　）、气防装备（　） | | | |
| 11 | 其他安全措施：<br>编制人： | | | |
| 实施安全教育人 | | | | |
| 申请单位意见 | 签字： | 年　月　日　时　分 | | |
| 审批单位意见 | 签字： | 年　月　日　时　分 | | |
| 完工验收 | 签字： | 年　月　日　时　分 | | |

### 6.3.4.3 受限空间作业风险分析

表 6-5 受限空间作业风险分析

| 序号 | 风险分析 | 安全措施 |
|---|---|---|
| 1 | 隔绝不可靠 | ① 与该设备连接的物料、蒸汽、氮气管线使用盲板隔断，并办理盲板抽堵作业证。<br>② 拆除相关管线 |
| 2 | 机械伤害 | 办理设备停电手续，切断设备动力电源，挂“禁止合闸”警示牌，专人监护 |
| 3 | 置换不合格 | 置换完毕后，取样分析至合格 |
| 4 | 氧气不足 | 设备内氧含量达 18%～21% |
| 5 | 通风不良 | ① 打开设备通风孔进行自然通风。<br>② 采取强制通风。<br>③ 佩戴空气呼吸器或长管面具。<br>④ 采用管道空气送风，通风前必须对管道内介质和风源进行分析确认，严禁通入氧气补氧。<br>⑤ 设备内温度须适宜人员作业 |
| 6 | 未定时监测 | ① 作业前 30 min 内，必须对设备内气体采样分析，合格后方可进入设备。<br>② 采样点应有代表性。<br>③ 作业中应加强定时监测，情况异常立即停止作业 |
| 7 | 触电危害 | ① 设备内照明电压应不大于 36 V，在潮湿容器、狭小容器内作业应不大于 12 V。<br>② 使用超过安全电压的手持电动工具，必须按规定配备漏电保护器 |

| 序号 | 风险分析 | 安全措施 |
|---|---|---|
| 8 | 防护措施不当 | ① 在缺氧、有毒环境中，佩戴隔离式防毒面具。<br>② 在易燃易爆环境中，使用防爆型低压灯具及不发生火花的工具，不准穿戴化纤织物。<br>③ 在酸、碱等腐蚀性环境中，穿戴好防腐蚀护具：扒渣服、耐酸靴、耐酸手套、护目镜等 |
| 9 | 通道不畅 | 设备进出口通道，不得有阻碍人员进出的障碍物 |
| 10 | 监护不当 | ① 进入设备前，监护人应会同作业人员检查安全措施，统一联系信号。<br>② 监护人随时与设备内取得联系，不得脱离岗位。<br>③ 监护人用安全绳拴住作业人员进行作业 |
| 11 | 应急设施不足或措施不当 | ① 设备内备有空气呼吸器、消防器材和清水等相应的急救用品。<br>② 在设备内进行事故抢救时，救护人员必须做好自身防护方能进入设备内实施抢救 |
| 12 | 涉及危险作业组合，未落实相应安全措施 | 若涉及动火、高处、抽堵盲板等危险作业，应同时办理相关作业证 |
| 13 | 施工条件发生重大变化 | 施工条件发生重大变化时，应重新办理受限空间作业证 |
| 14 | 设备内遗留异物 | 设备内作业结束后，认真检查设备内外，不得遗留工具及其他物品 |

#### 6.3.4.4　作业安全要求

① 作业前，应对受限空间进行安全隔绝，要求如下：

a．与受限空间连通的可能危及安全作业的管道应插入盲板或拆除一段管道进行隔绝。

b．与受限空间连通的可能危及安全作业的孔、洞应进行严密封堵。

c．受限空间内的用电设备应停止运行并有效切断电源，在电源开关处上锁并加挂警示牌。

② 作业前，应根据受限空间盛装（过）的物料特性，对受限空间进行清洗或置换，并达到如下要求：

a．氧含量为 18%～21%，在富氧环境下不应大于 23.5%。

b．有毒气体（物质）浓度应符合 GBZ 2.1—2019 的规定。

c．可燃气体浓度要求如下：当被测气体或蒸气的爆炸下限不小于 4%时，其被测浓度应不大于 0.5%（体积分数）；当被测气体或蒸气的爆炸下限小于 4%时，其被测浓度应不大于 0.2%（体积分数）。

③ 应保持受限空间空气流通良好，可采取如下措施：

a．打开人孔、手孔、料孔、风门、烟门等与大气相通的设施进行自然通风。

b．必要时，应采用风机强制通风或管道送风，管道送风前应对管道内介质和风源进行分析确认。

④ 应对受限空间内的气体浓度进行严格监测，监测要求如下：

a．作业前 30 min 内，应对受限空间进行气体分析，分析合格后方可进入，如现场条件不允许，时间可适当放宽，但不应超过 60 min。

b．监测点应有代表性，容积较大的受限空间，应对上、中、下各部位进行监测分析。

c．分析仪器应在校验有效期内，使用前应保证其处于正常工作状态。

d．监测人员深入或探入受限空间监测时应采取⑤中规定的个体防护措施。

e．作业中应定时监测，至少每 2 h 监测一次，如监测分析结果有明显变化，应立即停止作业，撤离人员，对现场进行处理，分析合格后方可恢复作业。

f. 对可能释放有害物质的受限空间，应连续监测，情况异常时应立即停止作业，撤离人员，对现场进行处理，分析合格后方可恢复作业。

g．涂刷含有挥发性溶剂的涂料时，应做连续分析，并采取强制通风措施。

h．作业中断时间超过 60 min 时，应重新进行分析。

⑤ 进入下列受限空间作业应采取相应防护措施：

a．缺氧或有毒的受限空间经清洗或置换仍达不到上述②要求的，应佩戴隔绝式呼吸器，必要时应拴带救生绳。

b．易燃易爆的受限空间经清洗或置换仍达不到上述②要求的，应穿防静电工作服及防静电工作鞋，使用防爆型低压灯具及防爆工具。

c．含酸、碱等腐蚀性介质的受限空间，应穿戴防酸、碱防护服、防护鞋、防护手套等防腐蚀护品。

d．有噪声产生的受限空间，应佩戴耳塞或耳罩等防噪声护具。

e．有粉尘产生的受限空间，应佩戴防尘口罩、眼罩等防尘护具。

f. 高温的受限空间，进入时应穿戴高温防护用品，必要时采取通风、隔热、佩戴通信设备等防护措施；

g. 低温的受限空间，进入时应穿戴低温防护用品，必要时采取供暖、佩戴通信设备等措施。

⑥ 照明及用电安全要求如下：

a．受限空间照明电压应不大于 36 V，在潮湿容器、狭小容器内作业电压应不大于 12 V。

b．在潮湿容器中，作业人员应站在绝缘板上，同时保证金属容器接地可靠。

⑦ 作业监护要求如下：

a．在受限空间外应设有专人监护，作业期间监护人员不应离开。

b．在风险较大的受限空间作业时，应增设监护人员，并随时与受限空间内作业人员保持联络。

⑧ 应满足的其他要求如下：

a. 受限空间外应设置安全警示标志，备有空气呼吸器（氧气呼吸器）、消防器材和清水等相应的应急用品。

b. 受限空间出入口应保持畅通。

c. 作业前后应清点作业人员和作业工器具。

d. 作业人员不应携带与作业无关的物品进入受限空间；作业中不应抛掷材料、工器具等物品；在有毒、缺氧环境下不应摘下防护面具；不应向受限空间充氧气或富氧空气；离开受限空间时应将气割（焊）工器具带出。

e. 难度大、劳动强度大、时间长的受限空间作业应采取轮换作业方式。

f. 作业结束后，受限空间所在单位和作业单位共同检查受限空间内外，确认无问题后方可封闭受限空间。

g. 最长作业时限不应超过 24 h，特殊情况超过时限的应办理作业延期手续。

#### 6.3.4.5 受限空间作业事故案例

（1）安徽亳州康达化工“1·9”较大中毒事故

某年 9 月 1 日，康达公司将部分空闲厂房和场地以 300 万元/年租给王某，王某在未办理任何审批手续的情况下，自行购买安装设备、组织人员生产农药莠灭净。

第二年 1 月 9 日 9:00，王某所聘技术人员张某去异丙醇输送泵泵池（深约 2.6 m，宽约 1.5 m，长约 5 m）查看，入池后中毒晕倒，随后现场另 3 名工人未佩戴个体防护用具入池施救，也倒在池内。其他 2 名工人听到呼救后，在泵池边用铁钩将 4 人救出，4 人经抢救无效死亡。最后实施救援的 2 人在施救过程中，也轻微中毒。

事故直接原因：异丙醇溶剂泄漏到泵池内，其中溶解副产物硫化氢、氰化氢气体逸出，聚集在泵池内，技术人员未经受限空间进入审批、未做任何气体检测便进入池内造成中毒，其余 3 人未佩戴防护用具盲目施救，造成伤亡扩大。此案例暴露出非法生产和受限空间管理问题。

（2）辽宁灯塔市北方化工有限公司“4·24”中毒事故

某年 4 月 24 日 11：00，辽宁省辽阳市灯塔市北方化工有限公司配套污水处理站在安装污泥泵的过程中发生中毒事故，造成 3 人死亡。

4 月 24 日 11:00，北方化工公司 3 名职工在公司南厂区污水处理站进行检维修工作，需在厌氧池（长 4 m、宽 1 m、深 4 m、水深约 1 m，厌氧池顶部有盖板，当天早上，工人将盖板打开进行自然通风）底部安装一台污泥泵。1 名职工从厌氧池出口进入准备安装时跌入厌氧池，另 2 名职工在实施抢救过程中未佩戴防护用具盲目施救，也跌入厌氧池，因此造成 3 人死亡。

事故直接原因：厌氧池底污泥中含有硫化氢，致使硫化氢在厌氧池中聚集，在没有对厌氧池进行完全置换、未对厌氧池内气体含量进行检测、未履行进入受限空间审批程序的情况下，员工进入厌氧池内工作晕倒，其他员工未佩戴任何防护用品盲目施救，导致伤亡扩大。此案例暴露出非法进入受限空间和缺乏科学施救的问题。

## 6.3.5 盲板抽堵作业

### 6.3.5.1 盲板抽堵作业定义

盲板抽堵作业即在设备、管道上安装和拆卸盲板的作业。

### 6.3.5.2 盲板抽堵作业证管理

盲板抽堵作业证由生产车间（分厂）办理。盲板抽堵作业实行一块盲板一张作业证的管理方式。严禁随意涂改、转借作业证，变更盲板位置或增减盲板数量时，应重新办理作业证。作业证由生产车间（分厂）负责填写，盲板抽堵作业单位负责人确认、单位生产部门审批。经审批的作业证一式两份，盲板抽堵作业单位、生产车间（分厂）各一份，生产车间（分厂）负责存档，作业证保存期限至少为 1 年，样式如表 6-6 所示。

表 6-6 盲板抽堵作业证样式

<table>
<tr><td>申请单位</td><td colspan="3"></td><td colspan="3">申请人</td><td colspan="2"></td><td colspan="2">作业证编号</td><td colspan="2"></td></tr>
<tr><td rowspan="2">设备管道名称</td><td rowspan="2">介质</td><td rowspan="2">温度</td><td rowspan="2">压力</td><td colspan="3">盲板</td><td colspan="2">实施时间</td><td colspan="2">作业人</td><td colspan="2">监护人</td></tr>
<tr><td>材质</td><td>规格</td><td>编号</td><td>堵</td><td>抽</td><td>堵</td><td>抽</td><td>堵</td><td>抽</td></tr>
<tr><td></td><td></td><td></td><td></td><td></td><td></td><td></td><td></td><td></td><td></td><td></td><td></td><td></td></tr>
<tr><td>生产单位作业指挥</td><td colspan="12"></td></tr>
<tr><td>作业单位负责人</td><td colspan="12"></td></tr>
<tr><td>涉及的其他特殊作业</td><td colspan="12"></td></tr>
<tr><td colspan="13">盲板位置图及编号：<br><br><br>编制人：　　　　年　　月　　日</td></tr>
</table>

| 序号 | 安全措施 | 确认人 |
|---|---|---|
| 1 | 在有毒介质的管道、设备上作业时，尽可能降低系统压力，作业点应为常压 | |
| 2 | 在有毒介质的管道、设备上作业时，作业人员穿戴适合的防护用具 | |
| 3 | 易燃易爆场所，作业人员穿防静电工作服、工作鞋；作业时使用防爆灯具和防爆工具 | |
| 4 | 易燃易爆场所，距作业地点 30 m 内无其他动火作业 | |

| 序号 | 安全措施 | | | 确认人 |
|---|---|---|---|---|
| 5 | 在强腐蚀性介质的管道、设备上作业时，作业人员已采取防止酸碱灼伤的措施 | | | |
| 6 | 介质温度较高、可能造成烫伤的情况下，作业人员已采取防烫措施 | | | |
| 7 | 同一管道上不同时进行两处以上的盲板抽堵作业 | | | |
| 8 | 其他安全措施：<br>编制人： | | | |
| 实施安全教育人 | | | | |
| 生产车间（分厂）意见<br>签字： 年 月 日 | | | | |
| 作业单位意见<br>签字： 年 月 日 | | | | |
| 审批单位意见<br>签字： 年 月 日 | | | | |
| 盲板抽堵作业单位确认情况<br>签字： 年 月 日 | | | | |
| 生产车间（分厂）确认情况<br>签字： 年 月 日 | | | | |

### 6.3.5.3 盲板抽堵作业风险分析

**表 6-7 盲板抽堵作业风险分析**

| 序号 | 风险分析 | 安全措施 |
|---|---|---|
| 1 | 盲板有缺陷 | 盲板材质要适宜，厚度应经强度计算，高压盲板应经探伤合格，盲板应有一个手柄，便于辨识、抽堵，应选用与之相配的垫片 |
| 2 | 危险有害物质（能量）突出 | ① 在拆装盲板前，应将管道压力泄至常压或微正压。<br>② 严禁在同一管道上同时进行两处及两处以上抽堵盲板作业。<br>③ 气体温度应小于 60℃。<br>④ 作业人员严禁正对危险有害物质（能量）可能突出的方向，做好个人防护 |
| 3 | 明火及其他火源 | 在易燃易爆场所作业时，作业地点 30 m 内不得有动火作业；工作照明使用防爆灯具；使用防爆工具，禁止用铁器敲打管线、法兰等 |
| 4 | 操作失误 | ① 抽堵多个盲板时，应按盲板位置图及盲板编号，由作业负责人统一指挥操作。<br>② 每个抽堵盲板处应设标牌表明盲板位置 |
| 5 | 通风不良 | ① 将门窗打开，加强自然通风。<br>② 采取局部强制通风 |

| 序号 | 风险分析 | 安全措施 |
|---|---|---|
| 6 | 监护不当 | ① 作业时应有专人监护，作业结束前监护人不得离开作业现场。<br>② 监护人应熟悉现场环境并检查确认安全措施落实到位，具备相关安全知识和应急技能，与岗位人员保持联系，随时掌握工况变化 |
| 7 | 应急不足 | 作业复杂、危险性大的场所，除监护人外，其他相关部门人员应到现场，做好应急准备 |
| 8 | 涉及危险作业组合，未落实相应安全措施 | 若涉及动火、高处、受限空间等危险作业，应同时办理相关作业证 |
| 9 | 施工条件发生重大变化 | 施工条件发生重大变化时，应重新办理盲板抽堵作业证 |

#### 6.3.5.4 盲板及加装盲板的位置

根据装置的检修计划，制定抽堵盲板流程图，对需要抽堵的盲板要统一编号，注明抽堵盲板的部位和盲板的规格，并指定专人负责此项作业和现场监护，防止漏抽漏堵。

盲板的制作，以钢板为准，应留有手柄，便于抽堵和检查，最好做成眼睛式的，一端为盲板、一端为垫圈，使用方便，标志明显。不准用石棉板、马口铁皮或油毡纸等材料代替。盲板要有足够的强度，其厚度一般应不小于管壁厚度。

加盲板的位置，应在有物料来源的阀门后部法兰处，盲板两侧均应有垫片，并把紧螺栓，以保证严密性。若无垫片，会导致严密性不足，也会损坏法兰。

如果管线轴抽堵盲板处距离两侧管架较远，应该采取临时支架或吊架措施，防止抽出螺栓后管线下垂伤人。

#### 6.3.5.5 作业安全要求

生产车间（分厂）应预先绘制盲板位置图，对盲板进行统一编号，并设专人统一指挥作业。

应根据管道内介质的性质、温度、压力和管道法兰密封面的口径等选择相应材料、强度、口径和符合设计、制造要求的盲板及垫片。高压盲板使用前应经超声波探伤，并符合 JB/T 450 的要求。

作业单位应按图进行盲板抽堵作业，并对每个盲板设标牌进行标识，标牌编号应与盲板位置图上的盲板编号一致。生产车间（分厂）应逐一确认并做好记录。

作业时，作业点压力应降为常压，并设专人监护。

在有毒介质的管道、设备上进行盲板抽堵作业时，作业人员应按 GB/T 11651 的要求选用防护用具。

在易燃易爆场所进行盲板抽堵作业时，作业人员应穿防静电工作服、工作鞋，并使用防爆灯具和防爆工具；距盲板抽堵作业地点 30 m 内不应有动火作业。

在强腐蚀性介质的管道、设备上进行盲板抽堵作业时，作业人员应采取防止酸碱灼伤的措施。

介质温度较高、可能造成烫伤的情况下，作业人员应采取防烫措施。

不应在同一管道上同时进行两处及两处以上的盲板抽堵作业。

盲板抽堵作业结束，由作业单位和生产车间（分厂）专人共同确认盲板是否抽出。

#### 6.3.5.6　盲板抽堵作业事故案例

某年 10 月 19 日 14：30 左右，江苏索普化工建设工程有限公司在江苏索普集团有限公司甲醇厂气化车间气化 A 系统真空闪蒸罐进行清灰检修作业时，罐内 3 名清灰作业人员因一氧化碳、硫化物中毒窒息死亡。

（1）事故简要经过

某年 10 月，索普集团甲醇厂决定对气化车间 A 系统真空闪蒸罐（V1304A）进行检修。10 月 13 日 A 系统停车，10 月 14 日进行系统吹扫和盲板隔离。索普化建 10 月 15 日进厂作业，打开事故罐中部人孔及底部出水口，10 月 16 日进入事故罐内搭设脚手架（10 月 17 日、18 日周末休息停工）。

10 月 19 日 9：00 左右，甲醇厂气化车间气化运行班巡检副操办理了施工检修安全作业证和受限空间安全作业证。9：03 甲醇厂生技科分析工用多功能测爆仪检测了事发真空闪蒸罐内气体含量，检测合格。9：30 左右，巡检副操通知索普化建防腐分公司甲醇厂检修项目负责人。后者安排 3 人进入真空闪蒸罐内作业。3 人在清理罐内上部灰渣后，于 10：40 左右出罐休息。

13：25，生技科分析工再次对真空闪蒸罐检测合格后，巡检副操通知检修项目负责人安排作业。上午清灰作业的 2 人于 13：55 左右进入罐内作业，另 1 人于 14：10 也进入罐内作业。巡检副操和检修项目负责人在罐外监护，其间检修项目负责人离开到 10 m 远的磨煤岗位布置泵的进出口管道疏通作业。约 20 min 后，站在罐体下方监护的巡检副操发现罐体底部出渣口不出渣，呼喊罐内作业人员没有回应，于是爬上罐体中部人孔，发现里面没动静。巡检副操随后分别电话告知检修项目负责人和气化车间运行班副班长。检修项目负责人接电话后随即赶到真空闪蒸罐旁，趴在人孔处借助头灯发现 1 名工人趴在罐内，意识到出事，立即电话告知索普化建防腐分公司经理。运行班副班长接到巡检副操报告后，立即调 1 名操作工施救。该操作工赶到现场后，发现人已昏迷，立即向车间主任报告。

索普集团、索普化建相关人员接报后陆续赶到现场，在索普集团董事长和总经理的指挥下组织救援。索普集团消防队于 14：58 接到索普化建防腐分公司经理报警电话后，也赶到现场，展开施救。第一个消防队员佩戴空气呼吸器进罐感觉气闷，难以忍受，不到一分钟就上来了。甲醇厂环安处副处长随后佩戴空气呼吸器进罐，用时两分钟左右，将靠近中部人孔的 1 名涉险人员用绳子系住，很快救出，有轻微中毒表现。因罐内温度和一氧化碳等有毒气体浓度不断升高，救援人员很难入罐，加之罐内有脚手架等障碍物，救援难度很大。16: 00，采取向罐内大量喷水措施，直至 19: 50 左右，才陆续将其余 2 名涉险人员拉出。3 名涉险人员被救出后，立即被送往医院，经医院认定死亡。

（2）事故原因分析

磨煤过程中铁棒与煤块摩擦损耗产生的微米铁粉，与原煤中微量硫，在造气过程还原性高温环境中，与铁直接反应生成硫化亚铁；同时送入气化 A 系统的水中所含的少量硫化氢，与铁质容器反应生成的硫化亚铁附着在器壁上。因本次清灰作业罐体于 10 月 15 日打开后，10 月 17 日、18 日周末休息停工，罐内壁上灰渣在空气中暴露时间较长，灰渣水分含量减少，硫化亚铁在灰渣内缓慢氧化积热。在清渣作业过程中，在清除罐体下部较厚灰渣时，铁质工具冲击灰渣摩擦发热，引起其中的硫化亚铁发生链式自热反应，产生的热又引发灰渣中的煤粉氧化产生一氧化碳，同时释放出灰渣中残存的硫化物，造成施工人员中毒窒息死亡。

## 6.3.6 高处作业

### 6.3.6.1 高处作业的定义

高处作业是指在距坠落基准面 2 m 及以上有可能坠落的高处进行的作业。坠落基准面是指坠落处最低点的水平面。坠落高度或作业高度是指从作业位置到坠落基准面的垂直距离。

异温高处作业是指在高温或低温情况下进行的高处作业。高温是指作业地点具有生产性热源，其环境温度高于本地区夏季室外通风设计计算温度 2℃及以上。低温是指作业地点的气温低于 5℃。

带电高处作业是指采取地（零）电位或等（同）电位方式接近或接触带电体，对带电设备和线路进行检修的高处作业。

（1）临边作业

临边作业是指在施工现场中，工作面边沿无围护设施或围护设施高度低于 80 cm 时的高处作业。

（2）洞口作业

洞口作业是指在孔、洞口旁边进行的高处作业，包括施工现场及通道位于深度在 2 m 及以上的桩孔、沟槽与管道孔洞等边沿的作业。

（3）攀登作业

攀登作业是指借助建筑结构或脚手架上的登高设施，或采用梯子或其他登高设施在攀登条件下进行的高处作业。例如，在建筑物周围搭拆脚手架、张挂安全网。

（4）悬空作业

悬空作业是指在周边临空状态下进行的高处作业。例如，在吊篮内进行的高处作业。

（5）交叉作业

交叉作业是指在施工现场的上下不同层次，于空间贯通状态下同时进行的高处作业。例如，脚手架平台上有人作业的同时，架下或地面也有人作业。

### 6.3.6.2　作业分类

根据《化学品生产单位高处作业安全规范》（AQ 3025—2008），应对高处作业进行分类管理。

① 作业高度 $h$ 分为四个区段：

作业高度 $2\ \mathrm{m} \leqslant h \leqslant 5\ \mathrm{m}$ 时，称为一级高处作业；作业高度 $5\ \mathrm{m} < h \leqslant 15\ \mathrm{m}$ 时，称为二级高处作业；作业高度 $15\ \mathrm{m} < h \leqslant 30\ \mathrm{m}$ 时，称为三级高处作业；作业高度 $h > 30\ \mathrm{m}$ 时，称为特级高处作业。

② 高处作业又分为特殊高处作业、化工工况高处作业和一般高处作业。

特殊高处作业：

a．在阵风风力为 6 级（风速 10.8 m/s）及以上情况下进行的强风高处作业；

b．在高温或低温环境下进行的异温高处作业；

c．在降雪时进行的雪天高处作业；

d．在降雨时进行的雨天高处作业；

e．在室外完全采用人工照明进行的夜间高处作业；

f．在接近或解除带电体条件下进行的带电高处作业；

g．在无立足点或无牢靠立足点的条件下进行的悬空高处作业。

化工工况高处作业：

a．在坡度大于 45°的斜坡上进行的高处作业；

b．在升降（吊装）口、坑、井、池、沟、洞等上面或附近进行的高处作业；

c．在易燃、易爆、易中毒、易灼伤的区域或转动设备附近进行的高处作业；

d．在无平台、无护栏的塔、釜、炉、罐等容器、设备及架空管道上进行的高处作业；

e．在塔、釜、炉、罐等设备内进行的高处作业。

f．在临近排放有毒、有害气体、粉尘的放空管线或烟囱等设备上进行的高处作业。

一般高处作业：

除特殊高处作业和化工工况高处作业以外的高处作业。

③ 直接引起坠落的客观危险因素分为 11 种：

a. 阵风风力 5 级（风速 8.0 m/s）以上；

b. 平均气温不高于 5℃的作业环境；

c. 接触冷水温度不高于 12℃的作业；

d. 作业场地有冰、雪、霜、水、油等易滑物；

e. 作业场所光线不足或能见度差；

f. 作业活动范围与危险电压带电体距离小于表 6-8 的规定；

表 6-8 作业活动范围与危险电压带电体的距离

| 危险电压带电体的电压等级/kV | ≤10 | 35 | 63～110 | 220 | 330 | 500 |
|---|---|---|---|---|---|---|
| 距离/m | 1.7 | 2.0 | 2.5 | 4.0 | 5.0 | 6.0 |

g. 摆动，立足处不是平面或只有很小的平面，即任一边小于 500 mm 的矩形平面、直径小于 500 mm 的圆形平面或具有类似尺寸的其他形状的平面，致使作业者无法维持正常姿势；

h. 存在有毒气体或空气中含氧量低于 19.5%的作业环境；

i. 可能会引起各种灾害事故的作业环境和抢救突然发生的各种灾害事故。

不存在上述列出的任一种客观危险因素的高处作业按表 6-9 规定的 A 类法分级，存在上述列出的一种或一种以上客观危险因素的高处作业按表 6-9 规定的 B 类法分级。

表 6-9 高处作业分级

| 分类法 | 高处作业高度/m | | | |
|---|---|---|---|---|
| | $2 \leqslant h \leqslant 5$ | $5 < h \leqslant 15$ | $15 < h \leqslant 30$ | $h > 30$ |
| A | Ⅰ | Ⅱ | Ⅲ | Ⅳ |
| B | Ⅱ | Ⅲ | Ⅳ | Ⅳ |

### 6.3.6.3 高处作业证管理

一级高处作业及化工工况高处作业中的 a 项由作业车间负责审批；二级、三级高处作业及化工工况高处作业中的 b～e 项由车间审核后，报厂相关主管部门审批；特级高处作业、特殊高处作业由单位安全部门审核后，报主管安全负责人审批。

作业负责人必须根据高处作业的分级和类别向审批单位提出申请，办理高处作业证。高处作业证一式三份，一份交作业人员，一份交作业负责人，一份交设备管理部门留存。

作业证有效期 7 天，若作业时间超过 7 天，应重新审批。对作业期较长的项目，作业负责人应经常深入现场检查（特别是登高设施的安全状况），发现隐患及时整改，并做好记录。若施工条件发生重大变化，应重新办理高处作业证。

因发生事故，紧急处理故障，必须登高作业，来不及办理高处作业证时，必须经班长同意，采取安全措施，并由班长指定专人监护，方可登高作业，且在当班交接记录中记录清楚，样式如表 6-10 所示。

**表 6-10　高处作业证样式**

<table>
<tr><td>申请单位</td><td colspan="2"></td><td>申请人</td><td></td><td>作业证编号</td><td></td></tr>
<tr><td>作业时间</td><td colspan="6">自　年　月　日　时　分始至　年　月　日　时　分止</td></tr>
<tr><td>作业地点</td><td colspan="6"></td></tr>
<tr><td>作业内容</td><td colspan="6"></td></tr>
<tr><td>作业高度</td><td colspan="2"></td><td colspan="2">作业类别</td><td colspan="2"></td></tr>
<tr><td>作业单位</td><td colspan="2"></td><td colspan="2">监护人</td><td colspan="2"></td></tr>
<tr><td>作业人</td><td colspan="2"></td><td colspan="2">涉及的其他特殊作业</td><td colspan="2"></td></tr>
<tr><td>危害辨识</td><td colspan="6"></td></tr>
<tr><td>序号</td><td colspan="5">安全措施</td><td>确认人</td></tr>
<tr><td>1</td><td colspan="5">作业人员身体条件符合要求</td><td></td></tr>
<tr><td>2</td><td colspan="5">作业人员着装符合工作要求</td><td></td></tr>
<tr><td>3</td><td colspan="5">作业人员佩戴合格的安全帽</td><td></td></tr>
<tr><td>4</td><td colspan="5">作业人员佩戴安全带、安全带高挂低用</td><td></td></tr>
<tr><td>5</td><td colspan="5">作业人员携带有工具袋及安全绳</td><td></td></tr>
<tr><td>6</td><td colspan="5">作业人员佩戴：A．过滤式防毒面具或口罩；B．空气呼吸器</td><td></td></tr>
<tr><td>7</td><td colspan="5">现场搭设的脚手架、防护网、围栏符合安全规定</td><td></td></tr>
<tr><td>8</td><td colspan="5">垂直分层作业中间有隔离设施</td><td></td></tr>
<tr><td>9</td><td colspan="5">梯子、绳子符合安全规定</td><td></td></tr>
<tr><td>10</td><td colspan="5">石棉瓦等轻型棚的承重梁、柱能承受要求的负荷</td><td></td></tr>
<tr><td>11</td><td colspan="5">作业人员在石棉瓦等不承重物作业所搭设的承重板稳定牢固</td><td></td></tr>
<tr><td>12</td><td colspan="5">采光、夜间作业照明符合作业要求，（需采用并已采用/无须采用）防爆灯</td><td></td></tr>
<tr><td>13</td><td colspan="5">30 m 以上高处作业配备通信、联络工具</td><td></td></tr>
<tr><td>14</td><td colspan="5">其他安全措施：<br>编制人：</td><td></td></tr>
<tr><td>实施安全教育人</td><td colspan="2"></td><td colspan="2"></td><td colspan="2"></td></tr>
<tr><td colspan="3">生产单位作业负责人意见</td><td colspan="2">签字：</td><td colspan="2">年　月　日　时　分</td></tr>
<tr><td colspan="3">作业单位负责人意见</td><td colspan="2">签字：</td><td colspan="2">年　月　日　时　分</td></tr>
<tr><td colspan="3">审核部门意见</td><td colspan="2">签字：</td><td colspan="2">年　月　日　时　分</td></tr>
<tr><td colspan="3">审批部门意见</td><td colspan="2">签字：</td><td colspan="2">年　月　日　时　分</td></tr>
<tr><td colspan="3">完工验收</td><td colspan="2">签字：</td><td colspan="2">年　月　日　时　分</td></tr>
</table>

#### 6.3.6.4 高处作业风险分析

表 6-11 高处作业风险分析

| 序号 | 风险分析 | 安全措施 |
|---|---|---|
| 1 | 作业人员不熟悉作业环境或不具备相关安全技能 | 作业人员必须经安全教育，熟悉现场环境和施工安全要求，按高处作业证内容检查确认安全措施落实到位后，方可作业 |
| 2 | 作业人员未佩戴防坠落、防滑用品或使用方法不当或用品不符合相应安全标准 | 作业人员必须戴安全帽，系安全带，穿防滑鞋。作业前要检查确认其符合相关安全标准，作业中应正确使用 |
| 3 | 未派监护人或未能履行监护职责 | 作业监护人应熟悉现场环境和检查确认安全措施落实到位，具备相关安全知识和应急技能，与岗位人员保持联系，随时掌握工况变化，并坚守现场 |
| 4 | 跳板不固定，脚手架、防护围栏不符合相关安全要求 | 搭设的脚手架、防护围栏应符合相关安全规程 |
| 5 | 登石棉瓦等轻型材料作业 | 在石棉瓦等轻型材料上作业，应搭设并站在固定承重板上作业 |
| 6 | 登高过程中人员坠落或工具、材料、零件高处坠落伤人 | 高处作业使用的工具、材料、零件必须装入工具袋，上下时手中不得持物。不准空中抛接工具、材料及其他物品。易滑动、易滚动的工具、材料堆放在脚手架上时，应采取措施防止坠落 |
| 7 | 高处作业下方站位不当或未采取可靠的隔离措施 | 高处作业正下方严禁站人，与其他作业交叉进行时，必须按指定的路线上下，禁止上下垂直作业。若必须垂直进行作业时，应采取可靠的隔离措施 |
| 8 | 与电气设备（线路）距离不符合安全要求或未采取有效的绝缘措施 | 在电气设备（线路）旁进行高处作业应符合安全距离要求。在采取地（零）电位或等（同）电位作业方式进行带电高处作业时，必须使用绝缘工具 |
| 9 | 作业现场照度不良 | 高处作业应有足够的照明 |
| 10 | 无通信、联络工具或联络不畅 | 30 m 以上高处作业应配备通信、联络工具，指定专人负责联系，并将联络相关事宜填入高处作业证安全防范措施补充栏内 |
| 11 | 作业人员患有高血压、心脏病、恐高症等职业禁忌证或健康状况不良 | 患有职业禁忌证和年老体弱、疲劳过度、视力不佳、酒后人员及其他健康状况不良者，不准高处作业 |
| 12 | 大风、大雨等恶劣气象条件下从事高处作业 | 如遇暴雨、大雾、6 级以上大风等恶劣气象条件应停止高处作业 |
| 13 | 涉及动火、抽堵盲板等危险作业，未落实相应安全措施 | 若涉及动火、抽堵盲板等危险作业，应同时办理相关作业证 |
| 14 | 施工条件发生重大变化 | 施工条件发生重大变化，应重新办理高处作业证 |

#### 6.3.6.5 高空坠落原因和形式

（1）原因

① 高空作业时思想不集中或开玩笑、追逐、嬉闹；

② 精神状态不佳，如因睡眠、休息不足而精神不振，酒后进行登高作业；

③ 高空作业地点无栏杆；

④ 操作人员操作不当；

⑤ 高空作业不带工具袋，手抓物件而失足坠落；

⑥ 高空作业不系安全带；

⑦ 通道上摆放过多物品；

⑧ 脚手架不按规定搭设，梯子摆放不稳。

（2）形式

① 人在移动过程中被绊而失身坠落；

② 在钢架、脚手架、爬梯上下攀爬时失手而坠落；

③ 在管道、小梁行走时脚步不稳（如打滑、踩空）身体失控坠落或踩中易滚动或不稳定物件而坠落；

④ 跨越未封闭或封闭不严的孔洞、沟槽、井坑而失足坠落；

⑤ 脚手架上的脚手板、梯子、架子管因变形、断裂而失稳导致人员坠落；

⑥ 触电、物件打击或其他方式导致人员坠落；

⑦ 操作中用力过猛或猛拉猛甩不受力物件导致人员坠落；

⑧ 踩塌轻型屋面板导致人员坠落。

#### 6.3.6.6 作业安全要求

① 作业人员应正确佩戴符合 GB 6095 要求的安全带。

带电高处作业应使用绝缘工具或穿均压服。

Ⅳ级高处作业（30 m 以上）宜配备通信联络工具。

② 高处作业应设专人监护，作业人员不应在作业处休息。

③ 应根据实际需要配备符合 GB 26557 等标准安全要求的吊笼、梯子、挡脚板、跳板等，脚手架的搭设应符合国家有关标准。

④ 在彩钢板屋顶、石棉瓦、瓦楞板等轻型材料上作业，应铺设牢固的脚手板并加以固定，脚手板上要有防滑措施。

⑤ 在临近排放有毒、有害气体、粉尘的放空管线或烟囱等场所进行作业时，应预先与作业所在地有关人员取得联系，确定联络方式，并为作业人员配备必要的且符合相关国家标准的防护器具（如空气呼吸器、过滤式防毒面具或口罩等）。

⑥ 雨天和雪天作业时，应采取可靠的防滑、防寒措施；遇有 6 级以上强风、浓

雾等恶劣气候，不应进行高处作业、露天攀登与悬空高处作业；暴风雪、台风、暴雨后，应对作业安全设施进行检查，发现问题立即处理。

⑦ 作业使用的工具、材料、零件等应装入工具袋，上下时手中不应持物，不应投掷工具、材料及其他物品。易滑动、易滚动的工具、材料堆放在脚手架上时，应采取防坠落措施。

⑧ 与其他作业交叉进行时，应按指定的路线上下，不应上下垂直作业，如果确需垂直作业应采取可靠的隔离措施。

⑨ 因作业必需，临时拆除或变动安全防护设施时，应经作业审批人员同意，并采取相应的防护措施，作业后应立即恢复。

⑩ 作业人员在作业中如果发现异常情况，应及时发出信号，并迅速撤离现场。

⑪ 拆除脚手架、防护棚时，应设警戒区并派专人监护，不应上部和下部同时施工。

#### 6.3.6.7　高处作业事故案例

（1）事故经过

某年 3 月 19 日，位于上海市港闸区唐闸镇的南通一八九五文博产业发展有限公司（以下简称“一八九五公司”）文化产业创意园 14 号展厅内，上海帘畅智能遮阳技术有限公司施工人员在安装电动遮阳帘时发生一起高处坠落事故，事故造成 1 人死亡，直接经济损失约 60 万元。

3 月 19 日 9：00 左右，陈某、唐某、张某、史某 4 名人员在创意园 14 号展厅内从事玻璃屋顶电动智能遮阳窗帘安装施工作业。唐某、张某、史某 3 人在屋顶横梁上使用可移动的挂梯来安装电动窗帘部件，陈某在地面负责通过绳索传递窗帘部件，4 人在展厅内由东向西分段安装电动窗帘固定部件。10：00 左右，展厅中部偏东一段的电动窗帘固定部件已基本安装结束，史某 1 人带着挂梯在屋顶横梁（非承重装饰梁）上由东向西移动，为安装下一电动窗帘部件做准备，当史某从横梁上移动时，横梁西侧的搭接处突然松动脱离，史某从约 7 m 高处的横梁上坠落。事故发生后，陈某迅速拨打 120 和 110 报警，并报告一八九五公司和上海帘畅智能遮阳技术有限公司相关领导。120 救护人员到达现场后立即对史某进行抢救，因其伤势过重抢救无效死亡。

（2）事故原因

直接原因：施工作业人员在横梁上移动时，横梁西侧搭接处突然松动滑脱，致施工人员失稳坠落，是该起事故的直接原因。

间接原因：

① 安装施工承包人未采取搭设脚手架等安全防护措施，未配齐个人安全防护用品，施工前未进行安全技术交底，违法使用无登高作业证人员从事登高作业。

② 施工安装人员安全意识淡薄，无登高作业证，冒险从事登高作业。

③ 工程施工单位安全规章制度和安全操作规程不健全，将施工安装任务承包给不具备登高作业条件的人员安装。

④ 业主单位未履行好安全监管责任，对施工队伍和施工人员进场施工把关不严。

事故性质：

这是一起违反安全生产有关规定，违法使用无登高作业证人员从事登高作业，安全防护措施不落实，安全管理不到位所引发的生产安全责任事故。

（3）事故防范及整改措施

① 该公司要全面落实好企业安全生产主体责任，把安全生产作为企业发展的一项重要工作来抓，认真汲取事故教训，全面排查安全生产事故隐患，防止类似事故再次发生。

② 一八九五公司要重视工程承包过程中的安全生产监管工作，落实好企业安全生产的主体责任，强化公司内部安全生产管理，全面排查和整改生产安全事故隐患，确保安全管理工作到位。

③ 南通置业集团要切实履行出资人的安全生产法定责任，督促下属子公司建立、健全安全生产规章制度，并严格落实企业安全生产主体责任，堵塞漏洞，以防类似事故再次发生。同时，根据市政府安全生产责任分解，南通市国资委应继续加强对出资企业的安全生产管理工作，督促出资企业履行好安全监管责任。

## 6.3.7　吊装作业

### 6.3.7.1　吊装作业的定义

利用各种吊装机具将设备、工件、器具、材料等吊起，使其发生位置变化的作业过程。

### 6.3.7.2　作业分级

吊装作业按照吊装重物质量 $m$ 不同分为：

一级吊装作业：$m>100$ t；

二级吊装作业：40 t$\leqslant m \leqslant$100 t；

三级吊装作业：$m<40$ t。

### 6.3.7.3　吊装作业事故类型

（1）脱钩

① 起重工在吊运物体时，因现场无人指挥，吊物下降过快造成脱钩；

② 在调运中因起吊物体不稳，使吊钩在空中悠荡，在悠荡过程中钩头由于离心

惯性力甩出而引起脱钩事故；

③ 行车因操作不稳，紧急启动、制动都有可能引起钩头惯性飞出；

④ 斜拉斜吊，造成吊钩滑脱。

（2）钢丝绳断裂

钢丝绳发生断裂的原因很多，其主要和常见的原因是：

① 使用前未对钢丝绳进行检查，使用有损坏或有缺陷的钢丝绳；

② 钢丝绳选用型号与吊物重量不配；

③ 吊运时严重超负荷；

④ 钢丝绳不合格。

（3）安全防护装置缺失或失灵

起重机械的安全装置（制动器、缓冲器、行程限位器、起重量限制器、防护罩等）是各类起重机不可缺少的部件。因安全装置缺失或失灵又未检修时，这种装置便起不到安全防护作用。因操作不慎和超负荷等原因，将发生倾覆、碰撞、钢丝绳断裂等事故，起重机械的齿轮和传动轴没有设置安全罩或其他安全设施，人的衣服会卷进其中造成危险。

（4）吊物坠落

起重机吊运物体时，由于某种原因，物体突然坠落，将地面的人员砸伤或砸死（坠落的重物击中人的头部或腰部）。

在有行车的厂房，由于生产噪声的掩盖，地面人员往往听不到指挥信号或由于思想麻痹，不能迅速避让，因而导致物体坠落伤人。

（5）起重机倾覆

当起重机动臂幅度过大或加重超负荷，往往造成起重机倾覆事故，能引起人身伤亡和设备损坏。原因是起重机的倾覆力矩大于稳定力矩。操作时不按安全支承器亦是引起倾覆的原因之一。

（6）碰撞致伤

物体在吊运中，因碰撞或刹车等原因，使吊件在空中悠荡，吊件撞倒设备或其他物体而引起事故，撞击力大，后果比较严重。

#### 6.3.7.4 吊装作业证管理

为加强对起重机械作业人员的管理，国家对起重机司机的培训、考核和发证工作做了规定。培训由省、市劳动行政部门或其指定单位举办，也可以由专业学校举办。培训时间不少于 6 个月。培训期满后，由劳动行政部门或其指定单位进行考核，安全技术理论考核合格后，再进行实际操作考核。合格后，须在实际操作的起重机上实习 1～3 个月，确认操作熟练者，由省、市劳动行政部门核发本机工种操作证，方准独立操作（扫描目录下二维码获得特种作业操作证高清图 54）。取得操作证的司机，由考核发证部门或其指定单位每两年复审一次。

起重作业人员获得特种作业操作证后上岗，进场后统一进行身体各个方面的体检，身体状况及技能水平满足现场施工方能进行现场作业。

吊装作业前应办理吊装作业证，作业证由设备部负责管理，如表 6-12 所示。

表 6-12　吊装作业证样式

| | | | | | |
|---|---|---|---|---|---|
| 吊装地点 | | 吊装工具名称 | | 作业证编号 | |
| 吊装人员及特殊工种作业证号 | | | 监护人 | | |
| 吊装指挥及特殊工种作业证号 | | | 起吊重物质量/t | | |
| 作业时间 | 自　　年　月　日　时　分始至　　年　月　日　时　分止 | | | | |
| 吊装内容 | | | | | |
| 危害辨识 | | | | | |

| 序号 | 安全措施 | 确认人 |
|---|---|---|
| 1 | 吊装质量不小于 40 t 的重物和土建工程主体结构，或吊装物体虽不足 40 t，但形状复杂、刚度小、长径比大、精密贵重以及作业条件特殊的情况下，已编制吊装作业方案，且经作业主管部门和安全管理部门审查，报主管（副总经理/总工程师）批准 | |
| 2 | 指派专人监护，并坚守岗位，非作业人员禁止入内 | |
| 3 | 作业人员已按规定佩戴防护器具和个体防护用品 | |
| 4 | 已与分厂（车间）负责人取得联系，建立联系信号 | |
| 5 | 已在吊装现场设置安全警戒标志，无关人员不许进入作业现场 | |
| 6 | 夜间作业采用足够的照明 | |
| 7 | 室外作业遇到（大雪/暴雨/大雾/6 级以上大风），已停止作业 | |
| 8 | 检查起重吊装设备、钢丝绳、缆风绳、链条、吊钩等各种机具，保证安全可靠 | |
| 9 | 明确分工、坚守岗位，并按规定的联络信号，统一指挥 | |
| 10 | 将建筑物、构筑物作为锚点，需经工程处审查核算并批准 | |
| 11 | 吊装绳索、缆风绳、拖拉绳等避免同带电线路接触，并保持安全距离 | |
| 12 | 人员随同吊装重物或吊装机械升降，应采取可靠的安全措施，并经过现场指挥人员批准 | |
| 13 | 利用管道、管架、电杆、机电设备等作吊装锚点，不准吊装 | |
| 14 | 悬吊重物下方站人、通行和工作，不准吊装 | |
| 15 | 超负荷或重物质量不明，不准吊装 | |
| 16 | 斜拉重物、重物埋在地下或重物坚固不牢，绳打结、绳不齐，不准吊装 | |
| 17 | 棱角重物没有衬垫措施，不准吊装 | |
| 18 | 安全装置失灵，不准吊装 | |
| 19 | 用定型起重吊装机械（履带吊车/轮胎吊车/轿式吊车等）进行吊装作业，遵守该定型机械的操作规程 | |
| 20 | 作业过程中应先用低高度、短行程试吊 | |
| 21 | 作业现场出现危险品泄漏，立即停止作业，撤离人员 | |

| 序号 | 安全措施 | 确认人 |
| --- | --- | --- |
| 22 | 作业完成后现场杂物已清理 | |
| 23 | 吊装作业人员持有法定的有效证件 | |
| 24 | 地下通信电（光）缆、局域网络电（光）缆、排水沟的盖板，可承受吊装机械的负重量已确认，保护措施已落实 | |
| 25 | 起吊物的质量（　　）t，经确认，在吊装机械的承重范围 | |
| 26 | 在吊装高度的管线、电缆桥架已做好防护措施 | |
| 27 | 作业现场围栏、警戒线、警告牌、夜间警示灯已按要求设置 | |
| 28 | 作业高度和转臂范围内，无架空线路 | |
| 29 | 人员出入口和撤离安全措施已落实：A．指示牌；B．指示灯 | |
| 30 | 在爆炸危险生产区域内作业，机动车排气管已装火星熄灭器 | |
| 31 | 现场夜间有充足照明：36 V、24 V、12 V 防水型灯；36 V、24 V、12 V 防爆型灯 | |
| 32 | 作业人员已佩戴防护器具 | |
| 33 | 其他安全措施：<br>编制人： | |

| | | | |
| --- | --- | --- | --- |
| 实施安全教育人 | | | |
| 生产单位安全部门负责人（签字）： | | 生产单位负责人（签字）： | |
| 作业单位安全部门负责人（签字）： | | 作业单位负责人（签字）： | |
| 审批部门意见<br>签字：　　　　年　　月　　日　　时　　分 | | | |

施工单位或检修单位负责人从设备部领取作业证后，应认真填写各项内容，交设备管理部批准。

吊装质量不小于 40 t 的重物和土建工程主体结构，施工单位应编制吊装作业方案。吊装物体虽不足 40 t，但形状复杂、刚度小、长径比大、精密贵重以及作业条件特殊的情况下，也应编制吊装作业方案、施工安全措施和应急救援预案。吊装作业方案、施工安全措施和应急救援预案均由吊装作业单位编制。

对于需要编写吊装方案的作业，作业单位应将吊装方案和填好的作业证一并报管理部安全管理人员批准。

作业证批准后，项目单位负责人应将作业证交吊装指挥。吊装指挥及作业人员应检查作业证，确认无误后方可作业。

应按作业证上填报的内容进行作业，严禁涂改、转借作业证，严禁变更作业内容、扩大作业范围或转移作业部位。

对吊装作业审批手续齐全，安全措施全部落实，作业环境符合安全要求的，作业人员方可进行作业。

对吊装作业审批手续不全，安全措施不落实，作业环境不符合安全要求的，作业人员有权拒绝作业。

作业前，应对照吊装安全作业证背面“安全措施”和企业补充的安全措施，在相应方框内画“√”。

作业证一式三份，审批后第一联交吊装指挥，第二联交施工所在单位，第三联交设备管理部。

#### 6.3.7.5　吊装作业风险分析

表 6-13　吊装作业风险分析

| 序号 | 风险分析 | 安全措施 |
|---|---|---|
| 1 | 无证操作 | 吊装和指挥人员必须经过专业培训，持证上岗 |
| 2 | 指挥混乱 | 非紧急意外情况下，现场专人统一指挥，信号明确 |
| 3 | 无警戒线或警示标志 | 有完善的吊装方案，划定警戒线，设置安全标志，禁止非施工人员入内 |
| 4 | 作业条件不良 | ① 夜间作业现场要有足够的照明。<br>② 遇暴雨、大雾及 6 级以上大风等恶劣气象条件，须停止作业 |
| 5 | 未严格执行吊装作业“十不吊” | ① 指挥信号不明或乱指挥不吊；<br>② 超负荷或物件重量不明不吊；<br>③ 斜拉重物不吊；<br>④ 光线不足，看不清重物不吊；<br>⑤ 被吊物上面有人或下面站人不吊；<br>⑥ 重物埋在地下不吊；<br>⑦ 重物紧固不牢、绳打结、绳不齐不吊；<br>⑧ 棱刃物件没有衬垫措施不吊；<br>⑨ 安全装置失灵不吊；<br>⑩ 6 级及以上大风及雨、雪、雾天气不吊 |
| 6 | 涉及危险作业组合，未落实相应安全措施 | ① 吊装过程中如需阻断道路交通，应办理断路作业证；<br>② 吊装现场，作业人员登高 2 m 以上高处作业时，应办理高处作业证；<br>③ 若涉及其他危险作业须办理相关作业证 |

#### 6.3.7.6　作业安全要求

三级以上的吊装作业，应编制吊装作业方案。吊装物体质量虽不足 40 t，但形状复杂、刚度小、长径比大、精密贵重以及在作业条件特殊的情况下，也应编制吊装作业方案，吊装作业方案应经审批。

吊装现场应设置安全警戒标志，并设专人监护，非作业人员禁止入内，安全警戒标志应符合 GB 2894 的规定。

不应靠近输电线路进行吊装作业。确需在输电线路附近作业时，起重机械的安全距离应大于起重机械的倒塌半径并符合 DL 409 的要求；不能满足时，应停电后再进行作业。吊装场所如有含危险物料的设备、管道等，应制定详细的吊装方案，并对设备、管道采取有效防护措施，必要时停车，放空物料，置换后进行吊装作业。

大雪、暴雨、大雾及6级以上大风天气，不应露天作业。

作业前，作业单位应对起重机械、吊具、索具、安全装置等进行检查，确保其处于完好状态。

应按规定负荷进行吊装，吊具、索具应经计算选择使用，不应超负荷吊装。

不应利用管道、管架、电杆、机电设备等作吊装锚点。未经土建专业审查核算，不应将建筑物、构筑物作为锚点。

起吊前应进行试吊，试吊中检查全部机具、地锚受力情况，发现问题应将吊物放回地面，排除故障后重新试吊，确认正常后方可正式吊装。

指挥人员应佩戴明显的标志，并按GB/T 5082规定的联络信号进行指挥。

起重机械操作人员应遵守如下规定：

① 按指挥人员发出的指挥信号进行操作；任何人发出的紧急停车信号均应立即执行；吊装过程中出现故障，应立即向指挥人员报告；

② 重物接近或达到额定起重吊装能力时，应检查制动器，用低高度、短行程试吊后，再吊起；

③ 利用两台或多台起重机械吊运同一重物时应保持同步，各台起重机械所承受的载荷不应超过各自额定起重能力的80%；

④ 下放吊物时，不应自由下落（溜）；不应利用极限位置限制器停车；

⑤ 不应在起重机械工作时对其进行检修；不应在有载荷的情况下调整起升变幅机构的制动器；

⑥ 停工和休息时，不应将吊物、吊笼、吊具和吊索悬在空中；

⑦ 以下情况不应起吊：

a．无法看清场地、吊物，指挥信号不明；

b．起重臂吊钩或吊物下面有人、吊物上有人或浮置物；

c．重物捆绑、紧固、吊挂不牢，吊挂不平衡，绳打结，绳不齐，斜拉重物，棱角吊物与钢丝绳之间没有衬垫；

d．重物质量不明、与其他重物相连、埋在地下、与其他物体冻结在一起。

司索人员应遵守如下规定：

① 听从指挥人员的指挥，并及时报告险情；

② 不应用吊钩直接缠绕重物及将不同种类或不同规格的索具混在一起使用；

③ 吊物捆绑应牢靠，吊点和吊物的重心应在同一垂直线上；起升吊物时应检查其连接点是否牢固、可靠；吊运零散件时，应使用专门的吊篮、吊斗等器具，吊篮、吊斗等不应装满；

④ 起吊重物就位时，应与吊物保持一定的安全距离，用拉伸或撑杆、钩子辅助其就位；

⑤ 起吊重物就位前，不应解开吊装索具；

⑥ 与司索人员有关的不应起吊的情况，司索工应做相应处理。

用定型起重机械（如履带吊车、轮胎吊车、桥式吊车等）进行吊装作业时，除遵守本标准外，还应遵守该定型起重机械的操作规程。

作业完毕应做如下工作：

① 将起重臂和吊钩收放到规定位置，所有控制手柄均应放到零位，电气控制的起重机械的电源开关应断开；

② 对在轨道上作业的吊车，应将吊车停放在指定位置有效锚定；

③ 吊索、吊具应收回，放置到规定位置，并对其进行例行检查。

#### 6.3.7.7　吊装作业事故案例

（1）事故经过

某年 5 月 17 日 10：45 左右，中铁二十四局集团浙江工程有限公司（以下简称中铁公司）承建的绍兴市越兴路南延工程上跨萧甬铁路立交工程，在 A 匝道桥面系进行防撞护栏模板安装作业时发生一起伤害事故，造成 1 人死亡。

5 月 17 日上午，和信公司的单某、王某、陆某、员某 4 人为一班组，陆某为班长，4 人于 6: 00 开始在 A 匝道桥面系进行防撞护栏模板安装作业，内模板安装完成后，开始安装外模板。陆某操作模板安拆辅助机具吊装模板，王某负责固定机具吊装的钢丝绳到模板上，员某在外面挂篮上固定外模板的下部螺丝，单某负责固定外模板上部螺丝。10: 40 左右，在进行一块外模板安装时发现下部混凝土太厚，无法安装到位，须重新安装，单某就开始拆下螺丝，而此时，王某和陆某应员某要求前去帮助其移动挂篮，据陆某描述，当时他提醒单某先不要作业了，单某可能未听到。单某拆下全部螺丝后导致外模板突然下沉，牵动模板安拆辅助机具向其移动，单某背对机具避让不及，被撞向模板，从而胸部被夹在机具和模板上突出的槽钢之间，造成挤压受伤。

据陆某描述，当时 3 人正背对单某，突然听到单某大喊：“不对了，我不行了！”3 人赶紧赶过去，将其抬到桥下，并报告项目部，项目部赶紧将单某送到绍兴市中医院抢救，抢救了 45 分钟左右宣布死亡。医院诊断死亡原因为张力性气胸、肋骨骨折。

（2）事故原因

直接原因：在外模板未吊紧固定情况下，陆某离开模板安拆辅助机具，单某继续进行拧松螺栓的作业，导致外模板突然下沉，牵动模板安拆辅助机具向其移动，单某背对机具避让不及，被夹在机具和模板之间发生挤压受伤死亡。

间接原因：

① 自制模板安拆辅助机具存在缺陷。安拆机具未设置合适的制动装置。

② 员工冒险作业。在外模板未吊紧固定情况下，陆某擅自离开模板安拆辅助机

具，导致机具移动撞人。

③ 中铁公司安全管理不善，没有派人在现场指导施工，未发现模板安拆辅助机具存在的安全隐患。安全教育不到位，导致施工人员安全意识淡薄，冒险作业。

④ 和信公司自制模板安拆辅助机具存在缺陷，并且在施工中未排查出其存在的安全隐患。现场指挥管理欠缺，对员工的安全教育缺乏针对性，导致员工安全意识淡薄。

⑤ 监理公司未认真履行监理职责，对施工单位和施工现场的安全生产管理及制度未进行严格的检查监理，未提出监理意见。对施工现场检查巡视不够彻底。

事故性质：

这是一起因自制机具存在缺陷、人员冒险操作导致的生产安全责任事故。事故类别为其他伤害。

（3）防范措施

① 中铁公司与和信公司要加强施工现场管理，加强事故隐患排查，严格制止违规、冒险作业的行为，要加强对作业人员安全教育培训，严格施工设备使用安全管理。

② 业主公司要加强工程安全的监督管理，督促各施工单位落实安全责任，组织开展大检查，做到全覆盖，及时消除事故安全隐患。

③ 市建设局要对事故进行通报，认真吸取事故教训，举一反三，开展安全生产专项检查，督促施工单位加强隐患排查工作，加强施工设备安全使用管理、督查。

④ 高新区管委会要按照属地管理原则，加强对辖区内在建工程的安全监管，督促建设工程各方落实安全责任，加强安全管理，加强培训教育，消除安全隐患，防止同类事故再次发生。

## 6.3.8 临时用电作业

### 6.3.8.1 临时用电作业的定义

临时用电作业是指正式运行的电源上所接的非永久性用电。

### 6.3.8.2 临时用电作业证管理

临时用电作业前，由临时用电单位提出申请办理临时用电作业证，办理前应准备如下相关资料：临时用电作业内容详细说明、工作安全分析结果、施工组织设计、相关安全培训证明和会议记录、相关附图（临时供电平面图、临时供电系统图、配电装置布置图以及接地装置设置图）。

临时用电作业涉及动火、高处作业、受限空间作业的，应同时申请办理相应作业证。

收到申请人的作业证申请后，批准人应组织申请人、作业涉及相关方人员、电气专业人员，集中对作业证中提出的安全措施、工作方法进行书面审查，并记录审查结论。审查内容包括：

① 确认作业的详细内容；

② 确认所有的相关支持文件，包括风险评估、安全工作方案、作业区域相关示意图、作业人员资质证书等；

③ 确认作业前、作业后应采取的所有安全措施，包括应急措施；

④ 确认安全作业所涉及的其他相关规范遵循情况，如《作业许可管理规范》《动火作业安全管理规范》等；分析评估周围环境或相邻工作区域间的相互影响，并确认安全措施；

⑤ 确认作业证期限及延期次数；

⑥ 其他额外要求审查的内容。

书面审查通过后，所有参加书面审查的人员均应到作业证上所涉及的工作区域实地检查，确认各项安全措施的落实情况。现场确认内容包括：

① 与作业有关的设备、工具、材料等；

② 现场作业人员资质及能力情况；

③ 用电线路安装、标识的情况；

④ 个人防护装备的配备情况；

⑤ 安全设施的配备、应急措施的落实情况；

⑥ 作业相关的培训、沟通情况；

⑦ 临时用电作业方案中提出的其他安全措施落实情况。

电气专业人员检查并签字确认，批准人或其授权人、申请方均应在作业证上签字；如书面审查或现场核查未通过，对查出的问题应记录在案，申请人应重新提交一份带有对该问题解决方案的申请；作业人员、监护人员（电气专业人员）等现场关键人员变更时，应经过批准人和申请人的审批。

临时用电作业证的有效期限不得超过一个班次；如果在书面审查和现场核查过程中，经确认需要更多的时间进行作业，应根据作业性质、作业风险、作业时间，经相关各方协商一致确定作业证的期限。

临时用电作业证有效期限最长不能超过 15 天，用电时间超过 15 天应重新办理临时用电作业证。

临时用电作业结束后，临时用电单位应及时通知生产单位按照临时用电施工组织设计的拆除方案拆除临时用电线路；线路拆除后，生产单位指派电气专业人员进行检查验收，并签字确认；作业单位和生产单位负责人在临时用电作业证上签字。

当发生下列任何一种情况时，生产单位和作业单位的现场监督人员应立即取消作业，终止相关作业证，并通知批准人。若要继续作业，应重新办理作业证的情况如下：

① 作业环境和条件发生变化；

② 作业内容（临时用电的用途、地点、负荷）发生改变；

③ 临时用电作业与作业计划的要求发生重大偏离；

④ 发现有可能造成人身伤害的违章行为；

⑤ 现场作业人员发现重大安全隐患；

⑥ 事故状态下。

**表 6-14　临时用电作业可证样式**

| | | | |
|---|---|---|---|
| 申请作业单位 | | 工程名称 | |
| 施工单位 | | 施工地点 | |
| 用电设备及功率 | | 工作电压 | |
| 作业人员 | | 电工证号 | |
| 监护人员 | | 作业负责人 | |
| 作业时间 | 年　月　日　时　分起至　年　月　日　时　分止 | | |

| 序号 | 主要安全措施 | 确认人 |
|---|---|---|
| 1 | 安装临时线路人员持有电工作业操作证 | |
| 2 | 在防爆场所使用的临时电源、电气元件和线路达到相应的防爆等级要求 | |
| 3 | 临时用电线路架空高度再装置内不低于 2.5 m，道路不低于 5 m | |
| 4 | 临时用电线路加工进线不得采用裸线，不得在树上或脚手架上架设 | |
| 5 | 埋设地下电缆线路设有走向标志和安全标志，电缆埋深大于 0.7 m | |
| 6 | 现场临时用电配电盘、箱应有防雨措施，线路无破损 | |
| 7 | 临时用电设施安有漏电保护器，移动工具、手持工具应“一机一闸一保护” | |
| 8 | 用电设备、线路容量、负荷符合要求 | |
| 9 | 补充措施 | |

作业证签发

| | | |
|---|---|---|
| 临时用电负责人意见：<br><br>签名： | 供电单位意见：<br><br>签名： | 生产单位意见：<br><br>签名： |
| 完工验收 | 年　月　日　时　分 | 签名： |

#### 6.3.8.3　临时用电风险分析

表 6-15　临时用电风险分析

| 序号 | 风险分析 | 安全措施 |
|---|---|---|
| 1 | 违章作业 | ① 作业人员必须持有电气安全作业证；<br>② 临时用电线路架空高度在装置内不低于 2.5 m，道路不低于 5 m；<br>③ 所有临时用电线路，不得采用裸线；<br>④ 临时用电线路架空线，不得在树上或脚手架上架设 |
| 2 | 电线损坏 | 暗管埋设及地下电缆线路应设有走向标志和安全标志，电线埋设深度大于 0.7 m |
| 3 | 配电盘、配电箱短路 | 现场临时用电配电盘、箱应有防雨措施 |
| 4 | 防止设施损坏 | ① 临时用电设施应有漏电保护器；<br>② 用电设备、线路容量、负荷应符合要求 |
| 5 | 防止火灾爆炸 | 所使用的电气设备和线路须达到相应的防爆要求 |
| 6 | 作业条件发生重大变化 | 若作业条件发生重大变化，应重新办理临时用电作业证 |

#### 6.3.8.4　作业安全要求

在运行的生产装置、罐区和具有火灾爆炸危险场所内不应接临时电源，确需接入电源时应对周围环境进行可燃气体检测分析，分析结果应符合以下要求：

① 当被测气体或蒸气的爆炸下限不小于 4%时，其被测浓度应不大于 0.5%（体积分数）；

② 当被测气体或蒸气的爆炸下限小于 4%时，其被测浓度应不大于 0.2%（体积分数）。

另外，各类移动电源及外部自备电源，不应接入电网。动力和照明线路应分路设置。在开关上接引、拆除临时用电线路时，其上级开关应断电上锁并加挂安全警示标牌。

临时用电应设置保护开关，使用前应检查电气装置和保护设施的可靠性。所有的临时用电均应设置接地保护。临时用电设备和线路应按供电电压等级和容量正确使用，所用的电器元件应符合国家相关产品标准及作业现场环境要求，临时用电电源施工、安装应符合 JGJ 46 的有关要求，并良好接地，临时用电还应满足如下要求：

① 火灾爆炸危险场所应使用相应防爆等级的电源及电气元件，并采取相应的防

爆安全措施。

② 临时用电线路及设备应良好绝缘，所有的临时用电线路应采用耐压等级不低于 500 V 的绝缘导线。

③ 临时用电线路经过高温、振动、腐蚀、积水或会产生机械损伤可能的区域，不应有接头，并应采取相应的保护措施。

④ 临时用电架空线应采用绝缘铜芯线，并应架设在专用电杆或支架上。其最大弧垂与地面距离，在作业现场不低于 2.5 m，穿越机动车道不低于 5 m。

⑤ 对需埋地敷设的电缆线路应设有走向标志和安全标志。电缆埋地深度不应小于 0.7 m，穿越道路时应加设防护套管。

⑥ 现场临时用电配电盘、箱应有电压标识和危险标识，也应有防雨措施，配电盘、箱的门应能牢靠关闭并能上锁。

⑦ 行灯电压不应超过 36 V；在特别潮湿的场所或塔、釜、槽、罐等金属设备内作业，临时照明行灯电压不应超过 12 V。

⑧ 临时用电设施应安装符合规范要求的漏电保护器，移动工具、手持式电动工具应逐个配置漏电保护器和电源开关。

⑨ 临时用电单位不应擅自向其他单位转供电或增加用电负荷，以及变更用电地点和用途。

⑩ 临时用电作业时间一般不超过 15 天，特殊情况不应超过一个月。用电结束后，临时用电单位应及时通知供电单位拆除临时用电线路。

#### 6.3.8.5 临时用电作业事故案例

触电事故是电气事故中较为突出的一种事故类型，其中触电事故又以临时用电事故居多。某年 5 月 24 日，某广告公司员工在进行汽车展销会布展时发生一起触电事故，造成一人死亡。以此案为例，针对临时用电发生的触电事故提出几点防范措施，以防此类事故再次发生。

（1）事故经过

某广告公司在负责布展汽车展销会期间，连日下雨，会展场地大量积水导致无法铺设地毯。为此，该公司负责人决定在场地打孔安装潜水泵排水。民工张某等人便使用外借的电镐进行打孔作业，当打完孔将潜水泵放置孔中准备排水时，发现没电了。负责人余某安排电工王某去配电箱检查原因，张某一同前去，将手中电镐交给一旁的民工裴某。裴某手扶电镐赤脚站立积水中。王某用电笔检查配电箱，发现 B 相电源连接的空气开关输出端带电，便将电镐、潜水泵电源插座的相线由与 A 相电源相连的空气开关输出端更换到与 B 相电源相连的空气开关的输出端上，并合上与 B 相电源相连的空气开关送电。手扶电镐的裴某当即触电倒地，后经抢救无效死亡。

（2）事故原因

根据事故致因理论，导致事故发生的原因通常包括三个方面：人的不安全行为、物的不安全状态以及管理的缺失。其中，人的不安全行为和物的不安全状态是导致事故发生的直接原因，管理上的缺失是导致事故发生的深层次原因。通过调查分析，造成这次触电事故的原因主要有以下几个方面：

直接原因：

① 作业人员违规在潮湿环境中使用电镐。该电镐属于Ⅰ类手持电动工具，根据规定Ⅰ类手持电动工具不能在潮湿环境中使用。然而事发当天，该电镐用于排除连日降雨导致的地面积水，电镐暴露在雨中使用，且未设置遮雨设施。

② 当事人裴某安全意识淡薄，在自身未穿绝缘靴、未戴绝缘手套的情况下，手持电镐赤脚站在水里。

③ 电镐存在安全隐患。在现场勘察时专家对事故使用的电镐进行了技术鉴定，检测发现电镐内相线与零线错位连接，接地线路短路，无漏电保护功能。通电后接错的零线与金属外壳导通，造成电镐金属外壳带电。

④ 配电设备存在缺陷。开关箱无漏电保护器，且线路未按规定连接。

间接原因：

① 安全管理制度不健全。该广告公司的安全生产责任制未建立，安全生产规章制度和安全操作规程未制定。

② 安全管理制度未落实。具体表现为作业人员的安全教育未落实，作业人员的个人劳动防护用品未配备，所提供配电设备的安全防护功能不具备，特种作业人员未持证上岗。

③ 现场安全管理不到位。施工现场未配备与本单位所从事的生产经营活动相适应的安全生产管理人员，施工安全技术交底未落实，指派未取得电工作业操作证的人员从事电工作业。

（3）防范措施

科学的管理手段、完善的规章制度和称职的管理人员及机构是提高作业安全性和可靠性的重要保障。结合事故原因，操作人员应从安全技术、管理对策和教育培训三个方面重视防范措施，以防止类似事故再次发生。

在安全技术上，各类电气设备在投入使用前应进行安全检测，保障设备的可靠性；配电设施采用漏电保护装置，临时用电线路采取多线制并要进行接零接地保护；潮湿环境下采用 36 V 以下安全电压，不允许使用Ⅰ类手持电动工具；强化绝缘措施，采用双重绝缘或加强绝缘的电气设备；作业人员应配备绝缘靴、绝缘手套等个人劳动防护用品；事故发生后要有相应的应急救援措施，最大限度地降低事故伤害。

在完善管理制度上，依据现行的安全生产法律法规建立健全企业的安全生产管理制度，包括建立并完善安全生产责任制，组织制定相关规章制度和操作规程，编制生产安全事故应急预案并组织演练。针对临时用电作业，建立用电设备定期检查制度，查找并排除存在的事故隐患，严把设备关，从物的状态上提高本质安全性。

在优化现场管理上，应加强施工作业现场安全管理。对此应配备相应的安全生产管理人员，施工前进行安全技术交底，落实临时用电安全措施，监督作业人员正确佩戴个人劳动防护用品。针对临时雇佣人员较多的实际情况，要严把从业人员的资格审查关，严禁特种作业人员无证上岗。此外，还应加强对承包单位和个人的安全生产条件或相应资质的审查。对不具备安全生产条件或者相应资质的单位和个人，不得进行发包、出租；对具备安全生产条件或者相应资质的单位和个人，在发包、出租的同时，要加强对承包、承租单位和个人的安全生产工作协调和管理。

在教育培训对策上，加强对全员的安全教育和培训。依据安全生产法及相关规定要求公司主要负责人和安全管理人员参加有关安全生产管理培训，并取得相应证书。加强对公司员工的三级教育培训，提高作业人员的安全意识，从人的行为意识上提高本质安全性。此外，还应开展有针对性的安全生产教育培训工作，加强对特种作业人员的安全教育，规范操作，防止事故再次发生。

## 6.3.9 动土作业

### 6.3.9.1 动土作业的定义

动土作业是指挖土、打桩、钻探、坑探、地锚入土深度在 0.5 m 以上；地面堆放负重在 50 kg/m$^2$ 以上；使用推土机、压路机等施工机械进行填土或平整场地等可能对地下隐蔽设施产生影响的作业。比如设置大型标语牌、设置宣传画廊、绿化植树、排放污水、在规定以外的场地堆放重物、在正规道路以外的厂内界区运输重型物资（包括运输工具在内物件运输总重在限定值以上）等。

### 6.3.9.2 动土作业证管理

动土作业证由动土作业主管部门负责审批、管理。

动土申请单位在动土作业主管部门领取动土作业证，填写有关内容后交施工单位。

施工单位接到动土作业证后，填写动土作业证中有关内容后交动土申请单位。

动土申请单位从施工单位收到动土作业证后交动土作业主管部门，并由其牵头组织有关水、电、气、工艺、设备、消防、安全等部门审核会签后审批。

动土作业审批人员应到现场核对图纸，查验标志，检查确认安全措施后方可签发动土作业证。

动土作业证一式三联，第一联现场作业人员随身携带，第二联交申请单位，第三联交审批单位留存。一个施工点、一个施工周期内办理一张作业证，保存期一年。

**表 6-16　动土作业证样式**

| 申请单位 | | 申请人 | | 作业证编号 | |
|---|---|---|---|---|---|
| 监护人 | | | | | |
| 作业时间 | 自　年　月　日　时　分始至　年　月　日　时　分止 | | | | |
| 作业地点 | | | | | |
| 作业单位 | | | | | |
| 涉及的其他特殊作业 | | | | | |
| 作业范围、内容、方式（包括深度、面积、并附件图）：<br><br>签字：　年　月　日　时　分 | | | | | |
| 危害辨识 | | | | | |

| 序号 | 安全措施 | 确认人 |
|---|---|---|
| 1 | 作业人员作业前已进行了安全教育 | |
| 2 | 作业地点处于易燃易爆场所，需要动火时已办理了动火证 | |
| 3 | 地下电力电缆已确认保护措施已落实 | |
| 4 | 地下通信电（光）缆，局域网络电（光）缆已确认保护措施已落实 | |
| 5 | 地下供排水、消防管线、工艺管线确认保护措施已落实 | |
| 6 | 已按作业方案图规划线和立桩 | |
| 7 | 动土地点有电线、管道等地下设施，已向作业单位交代并派人监护；作业时轻挖，未使用铁棒、铁镐或抓斗等机械工具 | |
| 8 | 作业现场围栏、警戒线、警告牌夜间警示灯已按要求设置 | |
| 9 | 已进行放坡处理和固壁支撑 | |
| 10 | 人员出入口和撤离安全措施已落实：A. 梯子；B. 修坡道 | |
| 11 | 道路施工作业已报：交通、消防、安全监督部门、应急中心 | |
| 12 | 备有可燃气体检测仪、有毒介质检测仪 | |
| 13 | 现场夜间有充足照明：A. 36V、24V、12V 防水型灯；B. 36V、24V、12V 防爆型灯 | |
| 14 | 作业人员已佩戴防护器具 | |
| 15 | 动土范围内无障碍物，并已在总图上做标记 | |
| 16 | 其他安全措施：<br>编制人： | |

| 实施安全教育人 | | | |
|---|---|---|---|
| 申请单位意见<br><br>签字：　年　月　日　时　分 | | | |

| | |
|---|---|
| 作业单位意见<br>签字：　　年　月　日　时　分 | |
| 有关水、电、气、工艺、设备、消防、安全等部门会签意见<br>签字：　　年　月　日　时　分 | |
| 审批部门意见<br>签字：　　年　月　日　时　分 | |
| 完工验收<br>签字：　　年　月　日　时　分 | |

6.3.9.3　动土作业风险分析

动土作业过程中，影响地下隐蔽设施，从而可能导致：① 化学危险品泄漏；② 中毒事故；③ 火灾爆炸；④ 破坏地下电缆，导致电击伤害事故；⑤ 破坏地下水管道，导致溺水事故；⑥ 触碰其他设施，造成其他事故。

表 6-17　动土作业风险分析

| 序号 | 工作步骤 | 危险因素 | 主要危害 | 控制措施及其他要求 |
|---|---|---|---|---|
| 1 | 施工前 | 未办理动土作业证 | 设备设施损坏，其他伤害 | 及时办理动土作业证 |
| | | 办理作业证时未经工艺、设备、电仪等有关人员批准 | 设备设施损坏，其他伤害 | 严格按要求办理动土作业证 |
| | | 无施工方案 | 设备设施损坏，其他伤害 | 施工前，由申请施工单位制定科学的施工方案 |
| 2 | 施工中 | 施工现场无安全警示标志 | 人员伤害 | 施工前，由申请施工单位制定科学的施工方案 |
| | | 施工中对暴露出的电缆、各类工艺管线及不明物品，不加以保护仍进行作业 | 人员伤害，工艺管线及电缆损坏 | 立即停止作业，并报告有关部门，采取防护措施后方可作业 |
| | | 施工中发现有毒有害物质时不采取防范措施 | 人员伤害 | 立即停止作业，并报告有关部门，采取防护措施后方可作业，并由质监部门随时进行安全分析 |
| | | 擅自变更动土作业内容 | 设备设施损坏，其他伤害 | 施工单位要严格按照原作业内容进行施工，需变更时，要由有关部门重新办理作业证后，方可作业 |
| | | 在禁火区使用易产生火花的工具 | 火灾、爆炸 | 采取防范措施后，方可作业 |
| 3 | 施工后 | 未及时回填土，并未恢复地面设施 | 人员伤害，其他伤害 | 由施工单位及时回填土，并恢复地面设施 |

#### 6.3.9.4　作业安全要求

操作员应有地方政府颁发的有效特种作业人员操作证，机械/设备工作时要由有资质的人员指挥操作。

作业前，应检查工具、现场支撑是否牢固、完好，发现问题应及时处理。

作业现场应根据需要设置护栏、盖板和警告标志，夜间应悬挂警示灯。

（1）防止损坏地下设施和地面建筑

在破土开挖前，应先做好地面和地下排水，防止地面水渗入作业层面造成塌方。

作业前应首先了解地下隐蔽设施的分布情况，动土临近地下隐蔽设施时，应使用适当的工具挖掘，避免损坏地下隐蔽设施。如暴露出电缆、管线以及不能辨认的物品时，应立即停止作业，妥善加以保护，报告动土审批单位处理，经采取措施后方可继续动土作业。

（2）防止坍塌

动土作业应设专人监护。挖掘坑、槽、井、沟等作业，应遵守下列规定：

① 挖掘土方应自上而下逐层挖掘，不应采用挖底脚的办法挖掘；使用的材料、挖出的泥土应堆放在距坑、槽、井、沟边沿至少 0.8 m 处，挖出的泥土不应堵塞下水道和窨井。

② 不应在土壁上挖洞攀登。

③ 不应在坑、槽、井、沟上端边沿站立、行走。

④ 应视土壤性质、湿度和挖掘深度设置安全边坡或固壁支撑。作业过程中应对坑、槽、井、沟边坡或固壁支撑架随时检查，特别是雨雪后和解冻时期，如发现边坡有裂缝或松疏，支撑有折断、走位等异常情况，应立即停止工作，并采取相应措施。

⑤ 在坑、槽、井、沟的边缘安放机械、铺设轨道及通行车辆时，应保持适当距离，采取有效的固壁措施，确保安全。

⑥ 在拆除固壁支撑时，应从下而上进行；更换支撑时，应先装新的，后拆旧的。

⑦ 不应在坑、槽、井、沟内休息。

（3）防止机器工具伤人

作业人员在沟（槽、坑）下作业应按规定坡度顺序进行，使用机械挖掘时不应进入机械旋转半径内；深度大于 2 m 时应设置人员上下的梯子等设施，保证人员快速进出设施；两个以上作业人员同时挖土时应相距 2 m 以上，防止工具伤人。

作业人员发现异常时，应立即撤离作业现场。

（4）防毒防火

在化工危险场所动土时，应与有关操作人员建立联系，当化工装置突然排放有害物质时，化工操作人员应立即通知动土作业人员停止作业，迅速撤离现场。

施工结束后应及时回填土石，并恢复地面设施。

#### 6.3.9.5 动土作业事故案例

某年7月28日9：00，南京市栖霞区万寿村15号原南京塑料四厂地下丙烯管道因违章施工造成大量气体泄漏，并发生爆炸。据统计，此次事故共造成8 900余户居民、1 110余家企业、1 490余家个体户受灾，当场烧毁、损坏机动车230余辆，造成13人死亡、120人受伤（其中14人重伤）。

此次事故是由可燃气体泄漏爆炸引发次生灾害而造成的一起人员伤亡较为严重的突发事故，社会影响重大，教训极为深刻。经调查分析，初步认定事故发生的主要原因是，施工安全管理缺失，鸿运公司组织的施工队伍盲目施工，挖穿地下丙烯管道，造成管道内存有的液态丙烯泄漏，泄漏的丙烯蒸发扩散后，遇到明火引发大范围空间爆炸，同时在管道泄漏点引发大火。

### 6.3.10 断路作业

#### 6.3.10.1 断路作业的定义

在化学品生产单位内交通主、支路与车间引道上进行工程施工、吊装、吊运等各种影响正常交通的作业。

#### 6.3.10.2 断路作业证管理

凡在厂区内进行断路作业，应在属地办理断路作业证，作业证由断路申请单位负责制定落实各项安全措施和现场作业管理。

公司设备工程部门负责审批作业票。

审批部门在审批作业证后，应立即填写断路作业通知单，并书面通知相关部门（断路作业会造成影响的单位、安环、门卫等）。

在作业证规定的时间内未完成断路作业时，由断路申请单位重新申请办理作业证。

严禁涂改、转借作业证。变更作业内容，扩大作业范围，应重新办理作业证。

作业证由断路申请单位指定专人至少提前一天办理。

断路申请单位在有关管理部门领取作业证后，逐项填写其应填内容后交断路作业单位。

断路作业单位接到作业证后，填写作业证中断路作业单位应填写的内容，填写后将作业证交断路申请单位。

断路申请单位从断路作业单位收到作业证后，交本单位上级相关职能管理部门审批。

作业证由断路申请单位的上级有关管理部门按照标准规定的格式统一印制，一式三联。办理好的作业证第一联交断路作业单位，第二联由断路申请单位留存，第三联留审批部门备案。

作业证应至少保留 1 年。

**表 6-18　断路作业证样式**

<table>
<tr><td>申请单位</td><td></td><td>申请人</td><td></td><td>作业证编号</td><td></td></tr>
<tr><td>作业单位</td><td colspan="5"></td></tr>
<tr><td>涉及相关单位（部门）</td><td colspan="5"></td></tr>
<tr><td>断路原因</td><td colspan="5"></td></tr>
<tr><td>断路时间</td><td colspan="5">自　　年　月　日　时　分始至　　年　月　日　时　分止</td></tr>
<tr><td colspan="6">断路地段示意图及相关说明：<br><br>签字：　　年　月　日　时　分</td></tr>
<tr><td>危害辨识</td><td colspan="5"></td></tr>
<tr><td>序号</td><td colspan="4">安全措施</td><td>确认人</td></tr>
<tr><td>1</td><td colspan="4">作业前，制订交通组织方案（附后），并已通知相关部门或单位</td><td></td></tr>
<tr><td>2</td><td colspan="4">作业前，在断路的路口和相关道路上设置交通警示标志，在作业区附近设置路栏、道路作业警示灯、导向标等交通警示设施</td><td></td></tr>
<tr><td>3</td><td colspan="4">夜间作业设置警示灯</td><td></td></tr>
<tr><td>4</td><td colspan="4">其他安全措施：<br><br>编制人：</td><td></td></tr>
<tr><td>实施安全教育人</td><td colspan="2"></td><td></td><td colspan="2"></td></tr>
<tr><td colspan="6">申请单位意见<br>签字：　　年　月　日　时　分</td></tr>
<tr><td colspan="6">作业单位意见<br>签字：　　年　月　日　时　分</td></tr>
<tr><td colspan="6">有关水、电、气、工艺、设备、消防、安全等部门会签意见<br>签字：　　年　月　日　时　分</td></tr>
<tr><td colspan="6">审批部门意见<br>签字：　　年　月　日　时　分</td></tr>
<tr><td colspan="6">完工验收<br>签字：　　年　月　日　时　分</td></tr>
</table>

#### 6.3.10.3 断路作业风险分析

表 6-19 断路作业风险分析

| 序号 | 风险分析 | 安全措施 |
|---|---|---|
| 1 | 标识不明，信息沟通不畅，影响交通，引发事故 | ① 作业前，施工单位在断路路口设置交通栏杆、断路标识，为来往的车辆提示绕行路线；<br>② 交管部门审批断路作业证后，立即通知有关部门调度 |
| 2 | 作业期间，无相应安全措施或安全措施不到位，引发交通事故或人员伤害事故 | ① 断路作业过程中，施工单位应负责在施工现场设置围栏、交通警告牌，夜间应悬挂警示红灯；<br>② 在断路施工作业时，施工单位应设置安全巡检员，保证在应急情况下公路随时畅通；<br>③ 在断路施工作业期间，施工单位不得随意乱堆施工材料 |
| 3 | 作业结束后，现场清理不彻底，阻碍交通，引发事故 | ① 断路作业结束后，施工单位应负责清理现场，撤除现场和路口设置的栏杆、断路标志、围栏、警告牌、警示红灯，报交管部门；<br>② 交管部门到现场检查核实后，通知各有关单位断路工作结束，恢复交通 |
| 4 | 变更未经审批，引发事故 | ① 断路作业应按断路作业证的内容进行，严禁涂改、转借断路作业证，严禁擅自变更作业内容、扩大作业范围或转移作业部位；<br>② 在断路作业证规定的时间内未完成断路作业时，由断路申请单位重新办理 |
| 5 | 涉及危险作业组合，未落实相应安全措施 | 若涉及高处、动土等危险作业时，应同时办理相关作业证 |
| 6 | 施工条件发生重大变化 | 若施工条件发生重大变化，应重新办理断路作业证 |

#### 6.3.10.4 作业安全要求

作业前，作业申请单位应会同本单位相关主管部门制订交通组织方案，方案应能保证消防车和其他重要车辆的通行，并满足应急救援要求。

作业单位应根据需要在断路的路口和相关道路上设置交通警示标志，在作业区附近设置路栏、道路作业警示灯、导向标等交通警示设施（扫描目录下二维码获得高清图 55 和高清图 56）。

在道路上进行定点作业，白天不超过 2 h、夜间不超过 1 h 即可完工的，在有现场交通指挥人员指挥交通的情况下，只要作业区设置了相应的交通警示设施，即白天设置了锥形交通路标或路栏，夜间设置了锥形交通路标或路栏及道路作业警示灯，可不设标志牌。

在夜间或雨、雪、雾天进行作业应设置道路作业警示灯（扫描目录下二维码获得高清图57），警示灯设置要求如下：

① 采用安全电压；

② 设置高度应高于地面 1.5 m，不低于 1.0 m；

③ 其设置应能反映作业区的轮廓；

④ 应能发出至少自 150 m 以外清晰可见的连续、闪烁或旋转的红光。

断路作业结束后，作业单位应清理现场，撤除作业区、路口设置的路栏、道路作业警示灯、导向标等交通警示设施。申请断路单位应检查核实，并报告有关部门恢复交通。

## 6.4 检修后装置的开车

在检修结束时，必须进行全面的检查和验收。对设备管道装置的安全评价主要体现在安全质量上。在检修质量上，必须树立“下一道工序就是用户”的观念。检修要认真负责，保证质量。

### 6.4.1 现场清理

检修完毕，检修人员要检查自己的工作有无遗漏，要清理现场，将火种、油渍垃圾、边角废料等全部清除，不得在现场遗留任何材料、器具和废料。

大修结束后，施工单位撤离现场前，要做到“三清”：

① 清查设备内有无遗忘的工具和零件；

② 清扫管路通道，查看有无应拆除的盲板等；

③ 清除设备、屋顶、地面上的杂物垃圾。

撤离现场应有计划地进行，所在单位要配合协助。凡先完工的工种，应先将工具、机具搬走，然后拆除临时支架，拆除时要自上而下，下方要有人监护，禁止行人逗留；拆除工程禁止数层同时进行；拆下的材料物体要用绳子系牢运下，或采用吊运和顺槽流放的方法，及时清理运出，不能乱抛掷，要随拆随运，不可堆积；电工临时电线要拆除彻底，如属永久性电气装置，检修完毕，要先检查作业人员是否全部撤离，标志是否全部取下，然后拆除临时接地线、遮拦、棚罩等，要检修绝缘，恢复原有的安全防护；在清理现场过程中，应遵守有关安全规定，防止物体打击等事故发生。

检修完工后，应认真进行检查，确认无误后对设备装置等进行试压、试漏、调校安全阀、调校仪表和联锁装置等，对检修的设备装置进行单体试车和联动试车，经检修和生产部门验收合格后进行交接。

检修完工后，还要仔细检查安全装置和安全措施，如护栏、防护罩、设备孔盖板、安全阀、减压阀、各种计量表、信号灯、报警装置、联锁装置、自控设备、刹车、行程开关、阻火器、防爆膜、接地线、接零线等，经过校验使其全部恢复好，并经各级验收合格后方可投入运行。检修移交验收前，不得拆除悬挂的警告牌和开启切断的管道阀门。

检修作业结束后，要对检修项目进行彻底检查，确认没有问题，进行妥善的安全交接后，才能进行试车或开车。总之，每一个项目检修完成后，都要进行自检，在自检合格基础上进行互检和专业检查，不合格要及时返修。

### 6.4.2 试车验收

试车就是对检修过的设备装置进行验证，必须经验收合格后才能进行。试车的规模有单体试车、分段试车和联动试车。主要内容如下：

① 试温。试温指高温设备，按工艺要求升温至最高温度，验证其放热、耐火、保温的功能是否符合要求。

② 试压。试压包括水压实验、气压实验、气密性实验和耐压实验。目的是检验压力容器是否符合生产和安全要求。试压非常重要，必须严格按规定进行。

③ 试速。试速指对转动设备的验证，以规定的速度运转，观察其摩擦、振动情况，观察设备是否有松动。

④ 试漏。试漏指检验常压设备、管道的连接部位是否紧密，是否有“跑、冒、滴、漏”的现象。

⑤ 安全装置和安全附件的校验。安全阀按规定进行检验、定压、铅封；爆破片进行更换；压力表按规定校验、铅封。

⑥ 各种仪表进行校验、调试，达到灵敏可靠。

⑦ 化工联动试车。首先要制定试车方案，明确试车负责人和指挥者。试车中发现异常现象，应及时停车，查明原因妥善处理后再继续试车。

### 6.4.3 开车前的安全检验

试车合格后，按规定办理验收、移交手续，正式移交生产。在设备正式投产前，检验单位拆去临时用电、临时防火墙、安全标界、栅栏及各种检修用的临时设施。移交后方可解除检修时采取的安全措施。生产车间要全面检查工艺管线和设备，拆除检修时立、挂的警告牌，并开启切断的物料管线阀门，检查各坑道的排水和清扫状况。应特别注意是否有妨碍运转的情况，临近高温处是否有易燃物的情况。在确认试车完全符合工艺要求的情况下，打扫好卫生，做开车投料准备，绝不可盲目开车。

开车前，还要对操作人员进行必要的安全教育，使他们清楚设备、管线、阀门、开关等在检修中的变动情况，以确保开车后的正常生产。

### 6.4.4　开车安全技术

检修后生产装置的开车过程，是保证装置正常运行非常关键的一步。为保证开车成功，在进行开车操作时必须遵循以下安全制度：

① 生产辅助部门和公用工程部门在开车前必须根据开车要求，在投料前严格检查各种原材料的供应及公用工程设施是否齐全、合格。

② 开车前要严格检查阀门开闭情况，盲板抽堵情况，保证装置流程通畅。

③ 开车前要严格检查各种机电设备及电器仪表等，保证处于完好状态。

④ 开车前要检查落实安全、消防措施是否完好，保证开车过程中的通信联络畅通。危险性较大的生产装置及过程开车，应通知安全、消防等相关部门到现场。

⑤ 开车过程中应停止一切不相关的作业和检修作业。禁止一切无关人员进入现场。

⑥ 开车过程中各岗位要严格按开车方案的步骤进行操作，要严格遵守升降温、升降压、投料等的速度与幅度的要求。

⑦ 开车过程中要严密注意工艺条件的变化和设备运行情况，发现异常要及时处理，情况紧急时应停止开车，严禁强行开车。

**【复习题】**

1. 化工检修的分类有哪些？
2. 盲板抽堵作业的安全要点有哪些？
3. 动火作业安全要点有哪些？
4. 高空作业安全要点有哪些？
5. 如何填写各类特种作业证？填写作业证的流程是什么？

## 实训 10　正压式空气呼吸器的穿戴

**【实训目的】**掌握正压式空气呼吸器的穿戴方法。

**【实训器材】**正压式空气呼吸器。

**【实训步骤】**

① 教师示范正压式空气呼吸器的正确使用方法。

第一步，检查。

检查面罩玻璃是否清晰完好，保证无划痕、无裂痕、不模糊；系带完好，不缺，不断；呼吸口畅通；戴好面罩，用手掌捂住呼吸口，看是否密闭不透气，无“嘶嘶”的透气响声。

检查肩带、腰带。肩带、腰带、卡扣必须完好无损。边检查边调整肩带、腰带长短（根据本人身体调整长短）。

检查气瓶的气密性。气瓶固定在背托上并牢靠；各压力表、管线连接紧固，不松动、不漏气，打开瓶阀，在 1 min 内压力降低≤2 MPa；工作压力 30 MPa，最小应为 28 MPa，检查后关闭瓶阀。

检查报警装置。a．检查压力表是否回零。b．检查气瓶压力：开气瓶阀，压力低于 28 MPa 不能使用。c．检查报警哨：关闭气瓶阀，按下供需阀的 BY-PASS（黄色钮）按钮，慢慢放气，观察压力表，低于 5 MPa 时（红色区）报警哨响，说明正常；如果报警哨不发声或不在规定范围内，必须维修才能使用。因佩戴好后，无法检测气瓶压力是否够用，需靠报警器哨声提醒气瓶压力大小。

第二步，背架的调整。

佩戴时，先用双手抓住背托将呼吸器举过头顶，双手松开背托，双手快速上举，背托落在人体背部（气瓶开关在下方），双手扣住身体两侧肩带 D 型环，身体前倾，向后下方拉紧，直到肩带及背架与身体充分贴合，扣紧腰带，拉紧。

第三步，面罩佩戴。

将面罩长系带戴好，一只手拖住面罩将面罩口鼻罩与脸部完全贴合，另一只手将头带后拉罩住头部，收紧头带，收紧程度以既要保证气密又感觉舒适、无明显的压痛为宜。（注意：必须正确佩戴面罩，确保有效；蓄有髯须、佩戴眼镜、面部有变形或有疤痕以致无法保证面罩气密性的不得使用呼吸器。）

检查面罩的气密性：用手掌封住面罩供气口吸气，如果感到无法呼吸且面罩充分贴合则说明密封良好。（注意：用户必须检查气密性。）

第四步，连接供给阀。

将气瓶阀开到底，报警哨应有一次短暂的发声。同时看压力表，检查充气压力。将供给阀接口与面罩连接。进行 2～3 次深呼吸，感觉舒畅说明一切正常。

第五步，脱卸呼吸器。

到达安全区域后，拔开供给阀，关闭气瓶开关；将面罩系带卡扣松开，摘下面罩；先松腰带，再松肩带，从身上卸下呼吸器。按下供给阀上黄色按钮，排空管路空气，压力表指针回零。

第六步，装箱。

不能把呼吸器随意放到地上，否则会对呼吸器造成损害。使用完后要把呼吸器装到专用的箱子内，保管好。

② 学生按照步骤正确佩戴。按照要求正确佩戴正压式空气呼吸器，每个人轮流进行。

③ 佩戴过程拍照。将个人穿戴好的正压式空气呼吸器照片贴于实训表格 20（扫描目录下二维码获得）对应位置。

## 实训 11　制定化工检修安全技术措施

**【实验目的】**

① 能运用化工检修安全技术措施指导现场作业；

② 熟悉《化学品生产单位动火作业安全规范》的主要内容；

③ 掌握化工检修的安全技术措施要点；掌握动火作业证填报的内容。

**【实训材料】**教材第 6 章：化工检修安全技术；标准：《化学品生产单位动火作业安全规范》（AQ 3022—2008）。实训表格可通过扫描目录下二维码获得。

**【实验步骤】**

① 分析实训表格 21 化工检修的安全技术措施；

② 熟悉《化学品生产单位动火作业安全规范》并填写实训表格 22 的内容；

③ 在聚丙烯反应器进行的动火作业，根据表 6-20 的数据内容填报实训表格 23 动火作业证。

表 6-20　数据表

| 项目 | 填写说明或内容 | 项目 | 填写说明或内容 |
|---|---|---|---|
| 申请部门 | 检修部 | 动火地点 | A 号聚丙烯反应器 |
| 动火执行人 | 张三 | 监火人 | 李四 |
| 动火作业负责人 | 王五 | 动火方式 | 电焊 |
| 动火时间 | 2016 年 5 月 28 日 13 时 30 分至 2016 年 5 月 28 日 16 时 30 分 | | |
| 危害识别 | （注：根据聚丙烯反应品的特点进行危害识别） | | |
| 特殊动火会签 | （注：只填××××××示意） | | |
| 岗位当班班长 | 林原班长 | 申请用火基层单位审批人 | 陈森 |
| 生产、消防单位审批人 | 赵严 | 安全监督管理部门审批人 | 任晓 |
| 领导审批人 | 王明 | 采样地点 | （注：按要求，自己考虑） |
| 分析结果 | （注：只填氧含量 19%～21%的任意数值） | 采检时间 | （注：按要求，自己考虑） |
| 分析人 | 杨雪 | 完工验收 | （注：不填） |

# 实训 12 受限空间模拟作业

**【实验目的】** 掌握受限空间作业的安全技术措施要点；掌握受限空间作业的程序。

**【实训器材】** 化工检修设备模型；受限空间作业安全器材、设施。

**【实验步骤】**

① 受限空间作业前准备工作：

切断物料、加装盲板、吹扫、清洗、置换通风、检测合格。

② 人员防护器材准备及使用：

进入受限空间作业人员防护器材准备。空气呼吸器的组成及佩戴。

③ 作业人员进入受限空间作业：

作业过程中拍照，并把照片贴到实训表格 24（可通过扫描目录下二维码获得）对应位置。

# 实训 13 模拟动火作业

**【实验目的】** 掌握动火作业的安全技术措施要点；掌握动火作业的程序。

**【实训器材】** 化工检修设备；气焊动火作业器材、设施。

**【实验步骤】** 请在作业过程中注意拍照，提交照片作为实训作业。

① 现场拉警戒线，竖立“严禁进入”警示牌。

② 个人防护用品的穿戴，消防设备的摆放。

③ 清理周边易燃物品。

④ 气瓶的摆放，注意两气瓶之间的距离，气瓶和火源之间的距离。

⑤ 申请动火作业证，检测气体，填写动火作业证，将气体检测结果填在动火作业证上。

⑥ 审批人员到现场进行动火安全条件检查，确认没有问题签发动火作业证。

⑦ 开始动火（做一个动火的手势）。

⑧ 动火结束后清理现场。

## 实训14 拆装法兰盲板

**【实训目的】**

① 识别化工管件、盲板、法兰连接特点及用途。

② 学会化工管件及盲板的拆装。

③ 化工管件安装，将拆过的化工管件安装复原。

④ 认识各类管道阀门的内部结构。

⑤ 观察阀门关闭和开启时的变化。

⑥ 了解各阀门的工作原理。

**【实训器材】**化工检修设备（秦皇岛博赫科技有限公司）、盲板模型；拆装工具、量具及防护设施；各类阀门、管件等；扳手、螺丝刀、米尺或游标卡尺等。

**【实训步骤】**

① 学生观察化工检修设备法兰、盲板连接组成构件，能说出各构件的名称及其作用。

② 学生分析法兰拆装与盲板抽堵作业存在的危险因素，并制订安全作业步骤方案。

③ 按作业步骤进行法兰连接拆装与盲板抽堵操作。

堵盲板步骤：

第一步：关闭阀门。

第二步：两人同时拿两个扳手沿对角线拧松螺丝，注意不要站在正对螺丝的方向，以防内部物料喷出伤人。

第三步：将所有螺丝拧松，按盲板大小确定卸下螺丝数量，加入盲板即可。

第四步：用撬杠将法兰撑开，将盲板伸入其中，注意盲板应加在两片垫片中间。

第五步：调整盲板和垫片的位置，防止密封不严。

第六步：装上螺丝并拧紧。

抽盲板步骤：

第一步：拧松螺丝，卸下可供盲板进出的螺丝。

第二步：抽出盲板，并调整好法兰之间垫片位置。

第三步：装上螺丝并拧紧。

第四步：打开阀门开关。

④ 将各步骤拍照贴入实训表格25（可扫描目录下二维码获得）对应位置（如果表格不够请自行添加）。

# 第 7 章　化工管道设备保温及防腐

## 7.1　化工管道设备保温

### 7.1.1　保温的目的

化工管道保温的目的是维持一定的高温以减少能量损失，维持一定的低温以减少吸热，维持一定的室温以改善劳动条件、提高经济效益。

管道的保温施工，应在设备及管道的强度试验、气密性试验合格以及防腐工程完工后进行。管道上的支架、吊架、仪表管座等附件，当无设计规定时，可不必保温；保冷管道的上述附件，必须进行保冷。除设计规定需按管束保温的管道外，其余管道均应单独进行保温。在施工前，对保温材料及其制品应核查其性能。

保温材料应具有导热系数小、容重轻、耐热、耐湿、对金属无腐蚀作用、不易燃烧、来源广泛、价格低廉等特点。常用的保温材料有玻璃棉、矿渣棉、石棉、膨胀珍珠岩、泡沫混凝土、软木砖、木屑、聚氨酯泡沫塑料、聚苯乙烯泡沫塑料等。

### 7.1.2　保温层的结构

保温层一般由防锈层、保温层、防潮层和保护层四层构成。

防锈层也称防锈底层，除去管路金属表面的污垢、锈迹，在需要保温的管路上刷 1～2 遍底漆。

保温层是保温结构的主要部分，有涂抹式、制品式、缠包式、填充式等。

① 涂抹式。将和好的胶泥状保温材料直接涂抹在管子上，常用的胶泥材料有石棉硅藻土、石棉粉等。一般先在管外刷两遍防锈漆，再分层涂抹胶泥，第一层厚 5 mm 左右，干燥后再涂第二层，从第二层起，以后各层涂抹厚度为 1.0～1.5 mm，前一层干燥后再涂下一层，直到达到设计要求的厚度为止。立管保温时，为防止保温层下坠，应先在管道上每隔 2～4 m 焊一支撑环，支撑可由 2～4 块扁钢组成，宽度与保温层厚度相近。保温层外加玻璃纤维布或加铁丝网后再涂抹石棉水泥作保护层，它的施工应在保温层干透后进行。

② 制品式。将保温材料（膨胀珍珠岩、硅藻土、泡沫混凝土、发泡塑料等）预

制成砖块状或瓦块状，施工时用铁丝将其捆扎在管外。为保证管道保温效果，在进行捆绑作业前，应将预制件先干燥，以减少其含水量。块间接缝处用石棉硅藻土胶泥填实，最外层加玻璃丝布、铁皮或铁丝网后涂抹石棉水泥作保护层。

③ 缠包式。用矿渣棉毡、玻璃棉毡或石棉绳直接包卷缠绕在管外，用铁丝捆牢，厚度不够时可多包几层，各层间包紧，外层用玻璃丝布作保护层。

④ 填充式。填充式是将矿渣棉、玻璃棉或泡沫混凝土等保温材料充填在管子周围特制的铁丝网套或铁皮壳内，对用铁丝网套的外面再涂抹石棉水泥保护层。此法保温效果好，但施工作业较麻烦，不能用于有振动部位的保温。

防潮层主要用于保冷管路、埋地保温管路，应完整严密地包在干燥的保温层上。防潮层有两种，一种为石油沥青油毡内外各涂一层沥青玛蹄脂，另一种为玻璃布内外各涂一层沥青玛蹄脂。

保护层主要有两种，一种为保护层是无防潮层的保温结构，保护层在保温层外；另一种为保护层是有防潮层的保温结构，保护层在防潮层外。保护层对保温层的保温效果及使用寿命有很大影响。

### 7.1.3　化工管道的安全涂色

为了便于区别各种介质的管道，并确保安全操作，管道保护层外需涂以不同颜色。涂色方法一种是单色，另一种是在底色上加色圈（每隔 2 m 加一个色圈，其宽度为 50～100 mm）或注字。

依据《工业管道的基本识别色、识别符号和安全标识》（GB 7231—2003）的要求，工业管道应涂色标、介质名称与流向与阀门开关方向。工业管道基本识别色标识方法，使用方应从以下五种方法中选择。

A．管道全长上标识。

B．在管道上以宽为 150 mm 的色环标识。

C．在管道上以长方形的识别色标牌标识。

D．在管道上以带箭头的长方形识别色标牌标识。

E．在管道上以系挂的识别色标牌标识。

当采用 B、C、D、E 方法时，两个标识之间的最小距离应为 10 m。C、D、E 方法中的标牌最小尺寸应以能清楚观察识别色来确定。当管道采用 B、C、D、E 方法时，其标识的场所应该包括所有管道的起点、终点、交叉点、转弯处、阀门和穿墙孔两侧等的管道上和其他需要标识的部位。

工业管道的识别符号由物质名称、流向和主要工艺参数等组成，其标识应符合下列要求：

7.1.3.1　物质名称的标识

① 物质全称标识（扫描目录下二维码可获得高清图 58）。如氮气、硫酸、甲醇等。

② 化学分子式标识。如 $N_2$、$H_2SO_4$、$CH_3OH$。

7.1.3.2　物质流向的标识

① 工业管道内物质的流向用箭头表示（图 7-1），如果管道内物质的流向是双向的，则以双向箭头表示（图 7-2）。

图 7-1　流向单向箭头

图 7-2　流向双向箭头

②当基本识别色的标识方法采用 D、E 时，则标牌的指向就作为表示管道内的物质流向（图 7-3），如果管道内物质流向是双向的，则标牌指向应做成双向（图 7-4）。

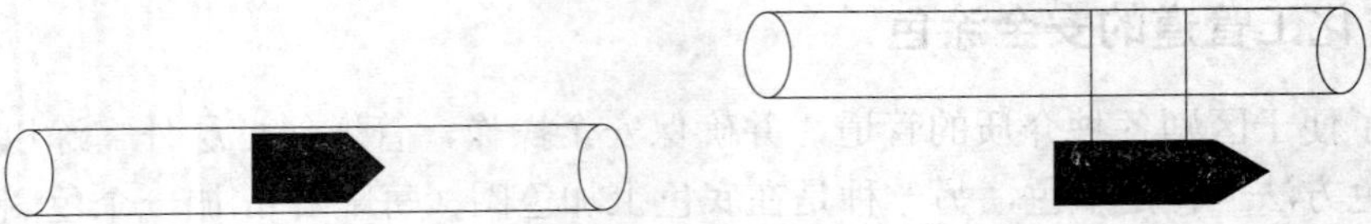

（a）识别色标牌标识　　（b）标牌

图 7-3　单向标牌样例

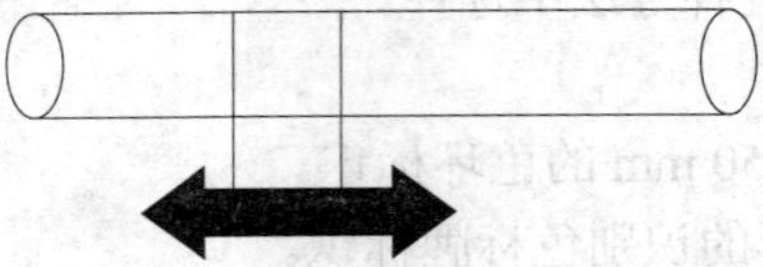

图 7-4　双向标牌样例

物质的压力、温度、流速等主要工艺参数的标识，使用方可按需自行确定要标识的内容。

物质名称的标识、物质流向的标识中的字母、数字的最小字体，以及物质流向箭头的最小外形尺寸，应以能清楚观察识别符号来确定。

7.1.3.3　安全标识

（1）危险标识

① 适用范围：管道内的物质，凡属于《化学品分类和危险性公示　通则》

（GB 13690—2009）所列的危险化学品，其管道应设置危险标识。

② 表示方法：在管道上涂 150 mm 宽黄色，在黄色两侧各涂 25 mm 宽黑色色环或色带（详见 GB 7231—2003 附录 A），安全色范围应符合《安全色》（GB 2893—2008）的规定，表 7-1 列出了常见物质的基本识别色和颜色标准编号。

表 7-1　八种基本识别色和色样及颜色标准编号

| 物质种类 | 基本识别色 | 颜色标准编号 |
|---|---|---|
| 水 | 艳绿 | G03 |
| 水蒸气 | 大红 | R03 |
| 空气 | 淡灰 | B03 |
| 气体 | 中黄 | Y07 |
| 酸或碱 | 紫 | P02 |
| 可燃液体 | 棕 | YR05 |
| 其他液体 | 黑 | — |
| 氧 | 淡蓝 | PB06 |

③ 表示场所：基本识别色的标识上或附近。

（2）消防标识

工业生产中设置的消防专用管道应遵守《消防安全标志》（GB 13495.1—2015）的规定，并在管道上标识“消防专用”识别符号。

## 7.2　化工管道设备腐蚀与防腐措施

### 7.2.1　腐蚀基本概念

金属材料在周围介质的作用下发生破坏称为腐蚀。铁生锈、铜发绿锈、铝生白斑点等都是常见的腐蚀现象。

在化工生产中，由于物料（如酸、碱、盐和腐蚀性气体等）往往具有强烈的腐蚀性，而化工设备被腐蚀将造成严重的后果，也会影响生产的连续性。腐蚀造成的跑冒滴漏，会损失物料、增加原材料消耗、恶化劳动条件、提高产品成本、影响产品质量等。因此，化工设备的腐蚀与防腐问题必须认真对待。

### 7.2.2　腐蚀类型及机理

腐蚀的分类方法很多，其中按破坏特征分为均匀腐蚀和局部腐蚀；按腐蚀机理分为化学腐蚀和电化学腐蚀。

#### 7.2.2.1 均匀腐蚀（全面腐蚀）

均匀腐蚀是材料表面均匀地遭受腐蚀，腐蚀的结果是设备壁厚的减薄。这种腐蚀的危险性较小。碳钢在强酸、强碱中的腐蚀属于此类。

#### 7.2.2.2 局部腐蚀

局部腐蚀是指金属的局部区域产生腐蚀，包括区域腐蚀、点腐蚀、晶间腐蚀等。局部腐蚀使零件有效承载面积减小，且不易被发现，常造成突然断裂，危害性较大（扫描目录下二维码可获得高清图 59）。

#### 7.2.2.3 化学腐蚀

化学腐蚀是指金属与干燥的气体或非电解质溶液产生化学作用引起的腐蚀（如 $SO_2$、$Cl_2$、$O_2$ 等）。各种管式炉的炉管受高温氧化，金属在铸造、锻造、热处理过程中发生的高温氧化以及金属在苯、含硫石油、乙醇等非电解质溶液中的腐蚀均属化学腐蚀。化学腐蚀的特点是腐蚀过程中无电流产生，且温度越高，腐蚀介质浓度越大，腐蚀速度越快。化学腐蚀后若形成致密、牢固的表面膜，则可阻止外部介质继续渗入，起到保护金属的作用。例如，铬与氧形成 $Cr_2O_3$，铝与氧形成 $Al_2O_3$ 等都属于这种表面膜。

化学腐蚀可分为以下几种：

① 金属氧化：指金属在干燥或高温气体中与氧反应所产生的腐蚀过程。

② 高温硫化：指金属在高温下与含硫（硫蒸气、二氧化硫、硫化氢等）介质反应形成硫化物的腐蚀过程。

③ 渗碳：指某些碳化物（如一氧化碳、烃类等）与钢接触，在高温下分解生成游离碳，渗入钢内部形成碳化物的腐蚀过程。

④ 脱碳：指在高温下钢中渗碳体与气体介质（如水蒸气、氢气、氧气等）发生化学反应，引起渗碳体脱碳的过程。

⑤ 氢腐蚀：指在高温高压下，氢引起钢组织的化学变化，使其机械性能劣化的腐蚀过程。

#### 7.2.2.4 电化学腐蚀

电化学腐蚀是指金属与电解质溶液产生电化学作用引起的腐蚀。金属在酸、碱、盐溶液、土壤、海水中的腐蚀属于电化学腐蚀。电化学腐蚀的特点是腐蚀过程中有电流产生。通常电化学腐蚀比化学腐蚀强烈得多，金属的破坏大多是由电化学腐蚀引起的。

电化学腐蚀是指金属与电解质溶液接触时，由于金属材料的不同组织及组成之间形成原电池，其阴极、阳极之间所产生的氧化还原反应使金属材料的某一组织或组成发生溶解，最终导致材料失效的过程。

电化学腐蚀不仅发生在异种金属之间，同一金属的不同区域之间也存在着电位差，也可形成原电池，而产生电化学腐蚀，如各种局部腐蚀就是电化学腐蚀。在某些腐蚀性介质特别是在强氧化剂中，如硝酸、氯酸盐、发烟硫酸、重铬酸钾、高锰酸钾等，随着电化学腐蚀过程的进行，在阳极金属表面逐渐形成一层保护膜（也称钝化膜），从而使阳极的溶解受到阻滞并最终使腐蚀终止，这种现象称为钝化。在生产实践中，钝化现象被用来保护金属。电化学腐蚀和化学腐蚀的区别如表 7-2 所示。

**表 7-2 电化学腐蚀与化学腐蚀的区别**

| | 电化学腐蚀 | 化学腐蚀 |
|---|---|---|
| 条件 | 不纯金属或合金与电解质溶液接触 | 与氧化剂直接接触 |
| 有无电流 | 弱电流 | 无 |
| 本质 | 较活泼的金属被氧化 | 金属被氧化 |
| 联系 | 两种腐蚀往往同时发生，但电化学腐蚀更普遍，速度快，危害更重 | |

## 7.2.3 腐蚀对安全的影响

腐蚀普遍存在于化工生产中，生产所用原材料及生产过程中的中间产品、产品等很多物料都具有腐蚀性，这些腐蚀性物料对建（构）筑物、机械设备、仪器仪表等设施，特别是化工管道，将会造成腐蚀性破坏，从而影响生产安全。

在化工生产中，由于大量酸、碱等腐蚀性物料造成的事故（如设备基础下陷、管道变形开裂、泄漏、绝缘破坏、仪表失灵等），严重影响正常的生产，危害人身安全。因此，在化工生产过程中，必须高度重视腐蚀与防护问题。

事故案例：某年 11 月 22 日 3：00，位于青岛的中石化管道公司输油管线腐蚀破裂，造成原油泄漏。随后原油进入雨水管线，并沿着雨水管线进入胶州湾边的港池。10：30，黄岛秦皇岛路附近，雨水涵道和输油管线抢修作业现场相继发生爆燃。事故共造成 62 人遇难、136 人受伤，直接经济损失 7.5 亿元。

## 7.2.4 腐蚀的控制方法

### 7.2.4.1 正确选材

防止或减缓腐蚀的根本途径是正确地选择工程材料。在选择材料时，除考虑一般技术经济指标外，还应考虑工艺条件及其在生产过程中的变化。要根据介质的性质、浓度、杂质、腐蚀产物、化学反应、温度、压力、流速等工艺条件，以及材料的耐腐蚀性能等，综合选择材料。常用材料的耐腐蚀性能如表 7-3 所示。

表 7-3 常用材料耐腐蚀性能表

| 腐蚀性介质 | | | | 金属 | | | | | | |
|---|---|---|---|---|---|---|---|---|---|---|
| 名称 | | 质量分数/% | 温度/% | 碳钢 | 1Cr17 | 1Cr18Ni9Ti | 0Cr18Ni12Mo3Ti | 硅铸铁 | 铅 | 铜 |
| 河水 | | | 90～100 | ○ | ＋ | ＋ | ＋ | ＋ | ＋ | ＋ |
| 海水 | | | 20 | ○ | ＋ | ＋ | ＋ | ＋ | ＋ | ＋ |
| 无机酸 | 硝酸 | ＜10 | 20 | — | ＋ | ＋ | ＋ | ＋ | ＋ | — |
| | 硝酸 | ＜10 | 90～100 | — | ＋ | ＋ | ＋ | ＋ | — | — |
| | 硝酸 | 60 | 20 | — | ＋ | ＋ | ＋ | ＋ | ＋ | — |
| | 硝酸 | 60 | 80～100 | — | ＋ | ＋ | ＋ | ＋ | — | — |
| | 硫酸 | 10 | 20 | — | — | ＋ | ＋ | ＋ | ＋ | ＋ |
| 有机物 | 乙酸 | 90～100 | 80～100 | — | — | ＋ | ＋ | ＋ | ○ | ＋ |
| | 丙烯腈 | 100 | 20 | ＋ | ＋ | ＋ | ＋ | ＋ | ＋ | ○ |
| | 二硫化碳 | 100 | 20 | ＋ | ＋ | ＋ | ＋ | ＋ | | |
| | 乙醇 | 80～99 | 20 | ○ | ＋ | ＋ | ＋ | ＋ | ＋ | ＋ |
| | 丁醇 | 100 | 20 | ○ | ＋ | ＋ | ＋ | ＋ | ＋ | ＋ |
| | 高级醇 | | 20 | ○ | ＋ | ＋ | ＋ | ＋ | ＋ | ＋ |
| | 烃类 | | ＜80 | ○ | ＋ | ＋ | ＋ | ＋ | ＋ | ○ |
| | 苯酚 | 溶液 | 20 | ○ | ○ | ＋ | ＋ | ＋ | ＋ | ＋ |
| | 氯苯 | 100 | 20 | ○ | ＋ | ＋ | | | | |

注：“＋”表示“耐腐蚀”；“—”表示“不耐腐蚀”；“○”表示“较耐腐蚀”。

#### 7.2.4.2 合理设计

① 避免缝隙。缝隙是引起腐蚀的重要因素之一。因此在结构设计与连接形式上，应注意避免出现缝隙。采取合理的结构设计，如避免铆接或缝隙中添加不吸潮的填料及垫片等。焊接时，应用双面焊，避免搭接焊或点焊。

② 消除积液。设备死角的积液处是会发生严重腐蚀的部位。因此，在设计时应尽量减少设备死角，消除积液对设备的腐蚀。

#### 7.2.4.3 电化学保护

① 阳极保护。在化学介质中，将被腐蚀的金属通以阳极电流，在其表面形成耐腐蚀性很强的钝化膜，保护金属不被腐蚀。

② 阴极保护。有外加电流和牺牲阳极两种方法。外加电流是将被保护金属与直流电源负极连接，正极与外加辅助电极连接，电源通入被保护金属阴极电流，使腐蚀过程受到抑制。牺牲阳极又称护屏保护，是将电极电位较负的金属同被保护金属连接构成原电池，电位较负的金属（阳极）反应过程中流出的电流可以抑制对被保护金属的腐蚀。

#### 7.2.4.4　加缓蚀剂

缓蚀剂加入腐蚀介质中，能够阻止金属腐蚀或降低金属腐蚀速度的物质，称为缓蚀剂。缓蚀剂在金属表面吸附，形成一层连续的保护性吸附膜，或在金属表面生成一层难溶化合物金属膜，隔离屏蔽了金属，阻滞了腐蚀反应过程，降低了腐蚀速度，达到了缓蚀的目的，保护了金属材料。常见的缓蚀剂类型如下：

① 钝化剂：一般是无机类的强氧化剂，如铬酸盐、硝酸盐、钼酸盐等。它们的作用是使腐蚀介质具有更强的氧化性，使金属表面保持完整的氧化膜。其作用和电化学的阳极保护异曲同工。

② 有机缓蚀剂：其中包括酸洗缓蚀剂和抗蚀油脂。钢铁的酸洗是许多加工过程必不可少的预处理工序，目的是除去钢铁表面的氧化物，但这个过程必然也会使金属本身受到腐蚀。为了减少金属的腐蚀，在酸洗时必须加入缓蚀剂。这种缓蚀剂通常有邻位和对位的甲苯硫脲、丙硫醚、二戊基胺、甲醛、对位硫甲酚等。其作用机理是：缓蚀剂被普遍地吸附于钢铁表面，使得钢铁酸洗时引起腐蚀的电极反应受到阻化。有的缓蚀剂可以提高氢的超电压，使氢离子还原的阴极反应受阻；有的缓蚀剂可使铁氧化为二价铁离子的反应受阻，使阳极极化。但一般认为，缓蚀剂可以同时减慢阴极和阳极的反应，使钢铁的腐蚀速率明显降低。

抗蚀油脂用于金属材料和制件在运输和贮藏期间的暂时防腐，它主要由油、脂或蜡等加入少量有机添加剂组成。这种有机添加剂一般是极性化合物，可吸附于金属表面。其作用机理类似于酸洗缓蚀剂，所不同的是，抗蚀油脂中的添加剂要求在近中性的条件下发生作用，而酸洗缓蚀剂要求在酸性条件下发生作用。作为抗蚀油脂中的添加剂的有机物质通常为有机胺类、环烷酸锌、各种石油产品氧化的产物、磺化油的碱金属和碱土金属的盐等。

③ 气相缓蚀剂：气相缓蚀剂是一种能挥发，但蒸气压较低且其蒸气具有防腐作用的物质。它主要用于重要机器零件（如轴承等）在贮藏和运输过程中的防腐。其防腐机理并不十分清楚，主要还是与气相缓蚀剂在金属表面的吸附有关。最有效也是使用最广的一种气相缓蚀剂是亚硝酸二环己烷基胺，这是一种无毒无气味的白色结晶，挥发较慢，在较好的封闭包装空间中，室温下对钢铁制件可保持一年的有效防腐。它的缺点是，会加速一些金属如锌、锰、镉等的腐蚀，所以在使用时应特别注意制件中有无其他金属。

#### 7.2.4.5 金属保护层

金属保护层是指用耐腐蚀性较强的金属或合金，覆盖于耐腐蚀性较差的金属表面达到保护作用的金属。

① 金属衬里。将耐腐蚀性高的金属，如铅、钛、铝、不锈钢等衬覆于设备内部，防止腐蚀。

② 喷镀。将熔融金属、合金或金属陶瓷喷射于被保护金属表面上以防腐蚀。

③ 热浸镀。将钢铁构件基体表面热浸上铝、锌、铅、锡及其合金以防腐蚀。

④ 表面合金化。采用渗透、扩散等工艺，使金属表面得到某种合金表面层，以防腐蚀、摩擦。

⑤ 电镀。采用电化学原理，以工作表面为阴极，获得电沉积表面层借以保护金属。

⑥ 化学镀。采用化学反应，在金属表面镀一层镍、锡、铜、银等以防止腐蚀。

⑦ 离子镀。减压下使金属或合金蒸气部分离子化，在高能作用下对被保护金属表面进行溅射、沉积以获得镀层，保护金属。

#### 7.2.4.6 非金属保护层

非金属保护层是采用非金属材料覆盖于金属或非金属设备或设施表面，防止腐蚀的保护层。分衬里和涂层两类，非金属衬里在化工设备中应用广泛。

① 非金属衬里。非金属衬里的种类及常见材料如表 7-4 所示。

表 7-4 常见的非金属衬里结构种类

| 分类 | 衬里名称 | 材料构成或覆盖方式 | 应用及特点 |
|---|---|---|---|
| 玻璃钢 | 环氧玻璃钢<br>酚醛玻璃钢<br>呋喃玻璃钢<br>聚酯玻璃钢 | 增强材料、玻璃纤维、胶液 | ① 耐腐蚀性好；<br>② 有较高的强度和整体性；<br>③ 树脂与纤维的浸润性影响耐蚀性；<br>④ 固化处理有一定影响 |
| 合成橡胶 | 氯丁橡胶<br>丁基橡胶<br>丁腈橡胶 | 橡胶板贴于被保护金属表面 | ① 有较好的耐腐蚀性；<br>② 可自身硫化，得到致密性高、有弹性、有韧性、高附着力的衬里；<br>③ 适用于温度不高的过程 |
| 砖板 | 陶瓷板<br>石墨板<br>高铝砖<br>铸石板 | 砖板材胶黏剂、硅酸盐类胶泥、树脂类胶泥 | ① 适用于各种尺寸、形状的设备衬里；<br>② 受冲击、振动、温度骤变等能力较差；<br>③ 施工要求严格 |
| 塑料 | 聚氟氯乙烯<br>聚丙烯<br>ABS<br>软聚氯乙烯 | 板材整衬或塑料设备单独结构，外用玻璃钢增强 | ① 耐腐蚀性较好；<br>② 耐温性受塑料本身限制；<br>③ 轻巧、方便；<br>④ 不受设备尺寸限制 |

②非金属涂层。涂层是涂刷于物体表面后，形成一种坚韧、耐磨、耐腐蚀的保护层。非金属涂层的类别及应用如表7-5所示。

表7-5　常见的涂层类别

| 涂层涂料类别 | 代号 | 主要成膜物质 | 应用及特点 |
|---|---|---|---|
| 油性漆类 | Y | 天然动植物油、清油、合成油 | 木材防水、防潮、防大气、户外大型设备的防锈蚀 |
| 天然树脂漆类 | T | 松香及其衍生物、虫胶、大漆及其衍生物 | 木质、金属制品的涂装与保护，虫胶、大漆耐酸、碱、水的腐蚀，施工复杂、有毒 |
| 酚醛树脂漆类 | F | 酚醛及其改性树脂、二甲苯树脂 | 耐水、酸、碱腐蚀，绝缘，广泛用于木器、机械、电器、建筑等 |
| 沥青类 | L | 天然沥青、石油沥青、煤焦油沥青等 | 耐水，防潮，耐酸、碱、气体腐蚀，广泛用于化工、船舶、机械以及水下、地下设施的涂装 |
| 醇酸树脂漆类 | C | 甘油醇酸树脂、季戊四醇酸树脂及其他改性醇酸树脂 | 有优良耐候性、较好的综合性能，广泛用于大气中构筑物的涂装 |
| 氨基树脂漆类 | A | 脲醛树脂、三聚氰胺甲醛树脂 | 耐水、油，抗粉化、耐磨、价廉，多作为装饰用漆，如仪表、玩具等轻工业产品的装饰用漆 |
| 硝基漆类 | Q | 硝基纤维、改性硝基纤维素 | 常温有一定耐水、稀酸能力，耐候性、耐温性差，主要用于金属、木材、皮革的涂装 |
| 纤维素漆类 | M | 乙基、苄基、羟甲基、乙酸纤维及其他纤维素脂和纤维素、醚类 | 耐水、耐寒、耐磨能力一般，耐酸、碱能力略差，对热敏感，有漆膜薄、坚韧、快干等特点 |
| 过氯乙烯漆类 | G | 过氯乙烯树脂、改性过氯乙烯树脂 | 耐水、酸、碱、大气，抗菌，不燃，耐寒，快干，施工方便，附着力较差，用于设施、机械、车辆防护 |
| 乙烯漆类 | X | 氯乙烯共聚树脂、聚乙酸乙烯及其共聚物、聚乙烯醇缩醛树脂、含氟树脂等 | 耐水、油、酸、碱，用于机床、器材、建筑、地板、玩具、塑料制品的表面涂装 |
| 丙烯酸漆类 | B | 丙烯酸酯、丙酸共聚物及其改性树脂 | 耐热、氧化、酸、碱，保光、保色、防霉，适于沿海湿热地区各种机器、器械的装饰技术 |
| 聚酯漆类 | Z | 饱和、不饱和聚酯树脂 | 有耐溶剂、耐磨、耐寒、耐酸、耐碱、保光等性能，用于铜线绝缘漆及木器等 |
| 环氧树脂漆类 | H | 环氧树脂，改性环氧树脂 | 是良好的防腐涂料，广泛用于化工、造船、机械的涂装 |
| 聚氨酯漆类 | S | 聚氨基甲酸酯 | 湿固化型，漆膜坚硬、强韧、致密，具有耐磨，耐酸、碱的能力，用于核反应堆临界区建筑物表面防护及船舶甲板、油管等的防护 |
| 元素有机漆类 | W | 有机硅、有机钛、有机铝等元素有机聚合物 | 耐热（300～800℃），用于高温设备、烟囱、排气管及高温零件的涂装 |

| 涂层涂料类别 | 代号 | 主要成膜物质 | 应用及特点 |
| --- | --- | --- | --- |
| 橡胶漆类 | J | 天然、合成橡胶及其衍生物 | 具有快干、耐蚀、耐候等性能，性能随橡胶种类变化而有所区别，用于室内外化工设备、管道、构筑物的涂装 |
| 其他漆类 | E | 硅酸钠、硅酸钾 | 漆膜坚硬、耐磨、耐水、耐油，耐溶剂性好，抗大气、防老化、防锈蚀，用于船舶、油罐、水塔、烟囱等的防腐 |

7.2.4.7 选用非金属材质的管道

非金属设备由于非金属材料具有优良的耐腐蚀性及相当好的物理机械性能，因此，可以代替部分金属材料并加工制成各种防腐蚀设备和机器。常用的有聚氯乙烯、聚丙烯、不透性石墨、陶瓷、玻璃以及玻璃钢、天然岩石、铸石等。可以制造设备、管道、管件、机器及部件、基本设施等。

## 【复习题】

1. 管道保温的目的是什么?
2. 管道保温措施有哪些?
3. 管道腐蚀与安全是否有关系?
4. 管道腐蚀分类有哪些?
5. 管道防腐措施有哪些?
6. 防腐材料如何选择?

# 参考文献


[1] 杨永杰，康彦芳．化工工艺安全技术[M]．北京：化学工业出版社，2008.

[2] 梁红涛．最新化工生产工艺设计与化工产品检测技术手册[M]．西安：西北电子工业出版社，2011.

[3] 单克，帅健，杨光，等．基于事故统计的油气管道基本失效概率[J/OL]．油气储运：1-8. http://kns.cnki.net/ kcms/detail/13.1093.TE.20200226.1412.004.html.

[4] 国家质量监督检验检疫总局，国家标准化管理委员会．化学品生产单位特殊作业安全规范：GB 30871—2014 [S]．北京：中国质检出版社，中国标准出版社，2014.

[5] 国家市场监督管理总局，国家标准化管理委员会．危险化学品重大危险源辨识：GB 18218—2018 [S]．北京：中国标准出版社，2018.

[6] 国家标准局．工业管道的基本识别色、识别符号和安全标识：GB 7231—2003 [S]．北京：中国标准出版社，2003.

[7] 国家质量监督检验检疫总局、国家标准化管理委员会．化学品分类和危险性公示　通则：GB 13690—2009 [S]．北京：中国标准出版社，2009.

[8] 中华人民共和国国家质量监督检验检疫总局，国家标准化管理委员会．化学品分类和标签规范：GB 30000.2—2013～GB 30000.29—2013 [S]．北京：中国质检出版社，2013.

[9] 陆培文，孙晓霞，杨炯良．阀门选用手册　第 3 版[M]．北京：机械工业出版社，2016.

[10] 彭蕾，卜全民．化工设备检修前的安全技术处理[J]．化工时刊，2006（12）：72-74.

[11] 全国安全生产标准化技术委员会化学品安全标准化分技术委员会．化学品生产单位吊装作业安全规范：AQ 3021—2008 [S]．北京：煤炭工业出版社，2009.

[12] 全国安全生产标准化技术委员会化学品安全标准化分技术委员会．化学品生产单位动火作业安全规范：AQ 3022—2008 [S]．北京：煤炭工业出版社，2009.

[13] 全国安全生产标准化技术委员会化学品安全标准化分技术委员会．化学品生产单位高处作业安全规范：AQ 3025—2008 [S]．北京：煤炭工业出版社，2009.

[14] 全国安全生产标准化技术委员会化学品安全标准化分技术委员会．化学品生产单位受限空间作业安全规范：AQ 3028—2008 [S]．北京：煤炭工业出版社，2009.

[15] 全国安全生产标准化技术委员会化学品安全标准化分技术委员会．化学品生产单位盲板抽堵作业安全规范：AQ 3027—2008 [S]．北京：煤炭工业出版社，2009.

[16] 全国安全生产标准化技术委员会化学品安全标准化分技术委员会．化学品生产单位断路作业安全规范：AQ 3024—2008 [S]．北京：煤炭工业出版社，2009.

[17] 全国安全生产标准化技术委员会化学品安全标准化分技术委员会．化学品生产单位设备检修作业安全规范：AQ 3026—2008 [S]．北京：煤炭工业出版社，2009.

[18] 住房和城乡建设部，国家质量监督检验检疫总局．石油化工企业设计防火标准（2018 年版）：GB 50160—2008 [S]．北京：中国计划出版社，2018.